邹游 著

Designer's Design

设计师的设计

北京大学出版社
PEKING UNIVERSITY PRESS

邹游教授是我尊敬的老师，在设计界享有盛誉，尤其在服装设计与教学领域有很高的造诣。邹游教授撰写的《设计师的设计》一书我仔细拜读了，既有很深的理论功底，也有翔实的设计事例，更是引进了不少历史文献论据，是一部很好的设计理论研究与实践探索相结合的著作。这部著作是邹游教授长期教育实践与具体设计生涯的阶段性奉献，只要仔细研阅，就能够为读者带来启迪，使设计师产生灵感。

李书福　吉利控股集团董事长

随着现代社会设计需求的日益庞杂与深入，约束条件日趋繁复，设计活动因此变成体现人类思维分歧性与社会价值多元性的存在，不仅设计师是当代社会动力机制中的一个使命特殊的人群，设计也成为必然与这种机制保持适度紧张关系的不确定的行为类型。我想，这就是本书《设计师的设计》在众多设计管理言说中脱颖而出并可能成为一个备受关注的理论命题的理由。

许平　中央美术学院教授，博士生导师

人类在面对大到无垠宇宙、小到个人的自我认知时，在一个以互联网为基础的新世界中，势必要重新界定并建构自己的知识系统。作为具有特殊性的专业类人群，在面对未来大挑战时，设计师必须具备一种新的设计认知能力，才足以保证自身能够出色地完成使命。

创造与认同，是设计师在不同发展阶段确立自我身份的一组重要关系，从自我认同到商业认同，继而到社会认同，在这三个层次维度上都将围绕这一关系展开，并且贯穿于设计师职业生涯的始终。在《设计师的设计》一书中就此展开了深入的研究。

设计师作为单个智能体是大社会的重要组成部分，在高度关联的社会互动机制中，其存在的意义在于为人类探索未知，以及针对问题求解提供多一种可能的解决方案。如何完善这一角色？显然设计师需要设计。

宋协伟　中央美术学院设计学院院长

只谈商业的设计师难免市侩，不谈商业的设计师难称真诚。设计与商业的关联不必讳言，伦理思考不是一味地高喊口号。商业的本质是社会交换的一种形式，在今日社会，商业既是主流形式，也是相对高效、公平的形式。在商业环境中理解设计，是当代设计师走向成熟的必由之路。

在国内的设计研究中鲜有直面商业的设计研究，这本身也是中国设计未臻成熟的一个表征。《设计师的设计》以成功设计师为样本，直击设计的商业属性，难能可贵。作者既是一位真诚的研究者，也是商海中的实践者，这种身份和经历赋予了他对这个话题的领悟能力和从事这个课题研究的基础资源。愿此书能帮助更多的设计师朋友真正理解设计，并能收获更精彩的职业生涯。

方晓风　清华大学美术学院教授，《装饰》杂志社主编

在设计与商业携手共赴新繁荣的当下，设计师作为创意孕育者如何在现代商业系统中实现创造力价值的最大化，这的确是一个极为重要的社会性课题。面对理论的缺失与不完备，邹游教授开启了他的研究历程，试图从全局视角寻找设计师群体成长的路径，重新诠释设计师从无闻到广知、从名师到大师的跨越密码。

本书凝结了邹游教授二十余年对这一问题的体察与思考，并通过对设计师知识体系的反思性分析，为我们了解设计师职业人群提供了一个多维的评价系统。正如书中所叙述的那样，设计师的价值不仅围绕组织、商业和社会三个层面展开，而且其背后还有着深刻的法则要领和文化背景。相信这些洞见，对设计师完成一次新的认知突围，以及社会各界更好地了解设计师群体，提供了有价值的方法论。

陈大鹏

陈大鹏　中国服装协会常务副会长

邹游是一名出色的设计师，在其二十多年的设计生涯中，不断探索时尚设计与商业价值的关系。

邹游也是一名优秀的大学教授，在其教书育人过程中不断寻求本土时尚设计教育的规律。

邹游更是一名思想者，在全球化时尚语境下的今天，不断寻找设计哲学与设计价值之间的内在逻辑。

这本书凝结了邹游从事设计与教学实践的思考，解读了设计师作为生产者与消费者之间的纽带，在设计的美学价值和商业价值之间平衡关系，是一本不可多得的好书！

张庆辉

张庆辉　中国服装设计师协会主席

设计师是现代商业系统或是人际网络中最具深度的介入者之一，在设计行为的背后所采取的原则与姿态决定了由此所产生出的物品的价值和意义！作为荷马有限公司的首席产品官，我期望看到荷马的设计师团队在邹游的带领下，在这样一个时代中所展露出的独特姿态。我想，这也正是《设计师的设计》一书所涉及的观点在实践中最真实的展现吧。

叶齐　荷马有限公司 CEO

目录

序

长期以来，我始终认为，当社会发展需要更加自觉的创造机制时便需要设计；当设计发展需要更加自觉的理性动力时便需要设计管理。这是一条基本的规律。

设计，就其本质而言，是一种构建人类与理想世界的现实关系的行为。作为一种构建关系的创造性行为，设计活动从一开始就必须面对物性、人性以及社会性等复杂因素，这些元素构成达到理想设计目标的现实约束，当然同时也构成机遇与挑战。随着现代社会设计需求的日益庞杂与深入，约束条件日趋繁复，设计活动因此变成体现人类思维分歧性与社会价值多元性的存在，不仅设计师是当代社会动力机制中的一个使命特殊的人群，设计也成为必然与这种机制保持适度紧张关系的不确定的行为类型。我想，这就是本书《设计师的设计》在众多设计管理言说中脱颖而出并可能成为一个备受关注的理论命题的理由。

本书作者邹游是近年来活跃于中国时尚设计、艺术设计的新锐设计力量之一。可能一众诸色“粉丝”更熟悉的，是他频繁闪现于新装发布会的时尚身影，而并不知晓在聚光灯外，他还有青灯黄卷闭门笔耕时的另一种姿态。正如书中所言，作者自 1990 年起开始学习设计，刀剪粉笔相伴 15 年；2005 年起攻读中央美术学院设计学博士学位，此后便一直在实践拓展与理论思考的“双面人生”中自我纠缠，定格于 T 型台的欢呼与灼热没有令他陶醉，即使在手捧“十佳”金杯时也未停止关于设计真值的内心独白。独特的专业经历与内心体验，长期以来从未放弃的关于“设计师生存”这一基本问题的深入挖掘……所有这一切促成他对设计师、设计组织、设计价值、设计社会与设计生态等一系列问题的逐一思考，构成本书成稿的现实来源。

而我认为更值得赞许的是本书选题及立论中的理论敏感性与专业严谨性。在这近20年中，随着中国社会经济的活跃与设计的热度提升，设计管理也从鲜为人知转而成为学科热点，随手“百度”一下，便可点出近50,000,000检索，其中固然不乏厚重、精美、热销之作，但外稿转译、资料集成者仍然居多。邹游此书初为博士论文写作，固然也始于国际设计管理经验的专案译介，但其可贵处在于全稿并未止步于译介成文，或按图索骥式的空论，而是立即将关注转向中国市场，以其自身的深切体验捕捉市场怪象背后的矛盾所在，作者并不回避商业系统在设计发展中的作用，但是更加坚持完整的价值思考，以国际经验为鉴，思寻学理依据，提炼出设计及设计师的“价值”与“责任”、“目标”与“途径”、“理想”与“职责”、“身份”与“认同”这几组关键性概念，通过“有限理性创造”的创造力模型构建，为设计师创造力发展与管理策略的对位提供新的阐释路径。作者打通学理与市场隔阂，把一个停留于很多设计师的意识层面而尚未厘清的“认同”问题，梳理成与市场深层关联的逻辑概念，从而为设计管理的理论发展找到一个现实的出口。

这一选题的贡献在于把理论目标的设定与现实研究的路径做了很好的对接，尤其是对于设计管理而言，是把国际管理经验与中国市场实践结合的一个有益尝试。

在全球范围内，设计管理也是在设计实践不断深入与丰富的过程中逐步解决其理论框架与实现路径的。有关设计的效率理论、组织理论、定位理论、决策理论……无不是在设计发展到管理瓶颈时，相应的策略框架应运而生。着眼于构建与调测设计“关系”的认同理论，对于中国市场更具有现实意义。管理以人与行为为对象，以人的意识为前提，世界上并没有一成不变的管理理论与方法，设计管理更是如此。现代设计进入中国，是与现代文明意识、民族意识、公民意识、文化意识等一系列现代性意识内涵的全民构建同步进行的。因此，在设计意识及设计管理之中，包含了太多需要在漫长、周密、严谨的调试过程里逐步规建的现代社会心理内涵，设计的责任认同、价值认同、理性认同以及审美认同都需要在这一过程中逐一实现并形成社会公约，这是一个浩大、复杂的工程。需要设计变革的主体——设计师在宏观的把握与微观的权衡中，投入巨大的理想激情与实践理性，这也是设计认同的复杂所在与困难所在。但是作为社会理想承载方式之一的现代设计，如欲在种种严苛条件之下实现其“创造美好生活”的初心，以万难之功构建这一高居于社会宏观与微观心理之上的价值认同，就是一道绕不过去的难题。我以为，本书的难能可贵之处、理论敏感之处，也正在于此。

无可讳言，“设计师的设计”这一工程本身也是艰难的。这不仅因为设计师行为本身所先天蕴含着的高度不确定性，还因为在当代社会、科技、文化巨变条件之下的“设计”，被提出了更多、更为复杂和更为歧义的目标要求，如同进入 21 世纪以来就争议不断的“人工智能及其约束必要性”，虽然这一涉及人类根本语境的挑战的发起者并不在设计师，但却是未来设计不可回避的根本问题，这同样会在另一个更高的层次上挑战设计的“认同”问题和“设计师的设计”定位。在这个意义上，邹游立足于自身商业经验和现有专业知识的“认同”之辨，还有一条漫长的路要走，还将面临更高的门槛和更艰巨的挑战，同时，这也正是我对他下一部理论著述和思考动向的寄予所在、希望所在。

是为序。

许平

2018 年 5 月 4 日于望京

第一章

绪论

以某种尺度来看，消费者的需求，成为了现代设计的唯一的源点。当代社会中无所不在的交易的作用[1]并没有得到适当的评价——这在现代设计的发展过程中尤为突出。“像所有其他设计模式一样也为符号所掩盖。现代主义者的符号学如此隐秘，如此以自我为中心，以至于只有发起者能够理解，在这种精英分子的象牙塔中大众从来没有真正受到过欢迎。”[2]显而易见，现代设计自其肇始之日起，所面临的商业竞争就如同其所引发的艺术探索一样多。[3]因此，我们有必要对作为设计的主体——“设计师”，这样一种职业在商业性和社会伦理之间所始终存在的一种批判性对话做出全面考察，以期能搭建起一个设计师成功所需的完善的知识系统，从而实现设计师自我身份的构建。

作为设计师，无法回避公众对其投注的一种批判性眼光。我自己就生活在这样的环境中。从 1990 年学习服装设计至今，进入设计领域不觉也已将近二十年了。但就以往的直觉经验而言，无论是获奖也好，参与商业实践也罢，设计活动的轨迹通常显得是片断、零散的和孤立的，自己也时常会觉得与消费者及市场之间存在着一道无形的屏障，但它究竟由什么构成——一时间心中也没有答案。2005 年，对于我个人来说是重要的转折点，这一年，我筹划成立了自己的时装品牌，同年进入中央美院开始从事有关设计管理方面的学习和研究。甫入学便感受到了从设计实践到设计理论研究转变中的巨大挑战——自身知识系统的增加与改造变得非常迫切。在跟随导师的学习过程中，过去实践中所留存的一些疑问不断地得到总结与升华，于是，一种问题意识慢慢形成，一些零散的个人经验逐渐朝着自己的研究方向渐渐聚拢，尤其当学习的内容在品牌实际运作的过程中不断地得到体现和印证时，一种可能的研究方向也逐渐清晰起来——那就是在一个现代商业系统中设计师职业化的问题。

正是基于这样的一种个人经历，因此对于如米尔顿·弗里德曼（Milton Friedman）[4]所言的商业的赢利本质，我并不抱以排斥的态度，但如果仅仅是以

1　[印] 阿玛蒂亚·森：《以自由看待发展》，任赜、于真译，北京：中国人民大学出版社，2002 年，第 4 页。

2　[美] 斯蒂芬·贝利、菲利普·加纳：《20 世纪风格与设计》，罗筠筠译，成都：四川人民出版社，2000 年，第 6 页。

3　同上书，第 22 页。

4　米尔顿·弗里德曼（Milton Friedman，1912 年 7 月—2006 年 11 月）是美国经济学家，以研究宏观经济学、微观经济学、经济史、统计学及主张自由放任资本主义而闻名。1976 年（转下页）

获利为目的，显然对设计背后的社会问题是缺乏全面思考的——按照两百多年前卢梭在《社会契约论》中所提到的为公众利益服务的必要性来说，[5] 今天的设计作为一种改造社会的力量，如果对公众的利益视而不见，那无异于是一种人类历史的倒退。

就设计所需经历的过程来看，设计从最初的、虚幻的、看不见的概念到真实的物品——这一阶段所考验的是设计师建立在知识系统上的个人创造才能，而当设计的产品进入市场后就有待消费者的检验了，由此“他者”也应该进入设计考量的维度。在自己的设计作品与消费者发生关系时，我深深地体会到了一种表面的交换行为背后所牵带出的一种“信任”——消费者的购买行为，无异于明示出他对于设计师所提供的功能及审美服务感到十分满足，由此进一步激发了设计师“创造美好生活”的责任感。

随着自己对设计师职业化问题思考的展开，我发现无论中西、历史或现在，设计师在自我的技术塑造过程中所面临问题带有一种普遍性。仅就现代设计做一些片断性的样本抽取就会发现，一条潜在的线索隐现于 20 世纪现代设计的发展轨迹中——那就是设计师的创造与消费者（包括企业家在内）的认同之间的博弈，是现代商业系统与设计所形成的既统一又对峙的复杂共生关系。

在工业设计的发展进程中，欧洲设计师关于将“机器艺术作为手工业之外的一项艺术表现手段”的探索固然是个人思想的反映，但却并非个人的实践成果。威廉·莫里斯（William Morris）——现代设计萌发初期具有强烈乌托邦气质的英国设计师，即便他保持一种反机器、反城市的主张[6]，但事实证明，其思想的推广最终无疑还是借助莫里斯有限公司的经营行为得以实现的；又如，克里斯多夫·德莱赛（Christopher Dresser）作为最初的工业设计师之一，我们会发现其设计则是借助 Hukin & Heath 公司[7] 获得了最大范围的市场认可；而作为现代设计的中心人物彼得·贝伦斯（Peter Behrens），与埃米尔·拉

（接上页）取得诺贝尔经济学奖，被誉为 20 世纪最重要的经济学家之一。

5 ［法］让－雅克·卢梭：《社会契约论》，杨国政译，西安：陕西人民出版社，2003 年，第 10 页。

6 ［美］斯蒂芬·贝利、菲利普·加纳：《20 世纪风格与设计》，罗筠筠译，成都：四川人民出版社，2000 年，第 16 页。

7 Hukin & Heath 公司成立于 1855 年，生产银器和电镀产品。1878 年，克里斯多夫·德莱赛被委任为艺术顾问，是该公司自注册之日起的第一个设计师，也是最早采用设计师签名于产品上的公司。

森奥（Mr. Rathenau）所创立的德国通用电气公司[8]有着紧密的联系，在他的《艺术与技术》一文中，强调了如何从大众市场入手以及将设计的产品转化为消费品，工业革命所创造的“市场”这个概念与贝伦斯所强调的“社会使用需求”和“公众实用品”的观念达致了统一；还有，沃尔特·格罗皮乌斯（Walter Gropius）建立包豪斯（Bauhaus）的目的是为了最大程度弥合设计师与制造者的分歧，以实现劳动界与创造性艺术家的重新统一[9]。

与之相比，美国设计师尽管很少受到官方或半官方机构的支持（更多是自发形成的沟通商业模式），但是他们与消费者的融合似乎更加顺畅——“设计师由于其扩大了市场及他们的产品的销售能力而成为受人欢迎的英雄”[10]，“所以毫不奇怪，最初的职业化顾问设计师必将出现在美国这个世界上最为商业化的民族中”[11]。这其中最有代表性的几位设计师有：诺曼·贝尔·格迪斯（Norman Bel Geddes），他设计了大量的商业产品（小到纪念章、鸡尾酒混合器、收音机，大到汽车），他为标准燃气设备公司设计的厨房烤箱获得了良好的市场反响；沃尔特·多温·提格（Walter Dorwin Teague），他为柯达公司设计的“勃朗尼”和“班腾”系列相机不仅提高了人们的品位而且改善了人们的生活，作为1939年纽约世界博览会的组织者，提格更进一步拓展了自己的设计领域；亨利·德雷夫斯（Henry Dreyfuss）为贝尔公司设计的300型电话机进入了大批美国人的日常生活，更成为今天工业设计中的经典作品。

如果说商业主义就意味着不诚实和粗俗，那么很显然，上述所有的设计师（无论其以何哲学思想作为设计实践的立足点）都将无一幸免——因为他们都处于商业生产链条的某一部分。而正因为商业是孕育设计的母体，因此商业目的在设计过程中从来就不曾缺席。“消费对设计活动起着支配作用”[12]——这一点

---

8 关于德国通用电气公司，斯蒂芬·贝利和菲利普·加纳均认为它不仅仅是德国商业史上的一个注脚，更是设计史的一个重要关头（见《20世纪风格与设计》）。

9 见1924年，格罗皮乌斯所发表的《包豪斯宣言》。载奚传绩编：《设计艺术经典论著选读》，南京：东南大学出版社，2005年，第134页。

10 [美]斯蒂芬·贝利、菲利普·加纳：《20世纪风格与设计》，罗筠筠译，成都：四川人民出版社，2000年，第242页。

11 同上书，第240页。

12 [美]瑞兹曼：《现代设计史》，[澳]王栩宁等译，北京：中国人民大学出版社，2007年，第412页。

无论是欧洲理想化的设计理论实践，还是美国的大众化设计都无法回避。问题的关键在于，设计师对商业持有一种什么样的姿态，设计师职业如何在现代商业系统中发挥自己最大的价值。这就涉及设计师的创造力如何获得自身之外的公众性平台上的认同。

进而，我们不仅要问，承载个人精神内涵的设计物难道就一定是难以让大多数人接受的吗？受到市场追捧的产品就一定是平庸的吗？设计和商业之间的进退法则是怎样发生和变化着的？如果我们能够对这些问题有一个梳理和澄清，无疑对于把握设计在现代商业系统中的未来走向是有所助益的。帕特里克·勒·奎蒙（Patrickle Quement）曾经非常明确地对彭妮·斯帕克（Penny Sparke）驳斥那种经常能听到的“所有汽车看上去都一样”[13]的观点表示赞同，因为他认为“与其他任何视觉文化领域相同，个人哲学和嗜好大量存在于汽车设计中”[14]——因此在他眼中，每一位设计师笔下的汽车造型都会有所不同，设计师个体的差异性决定了其设计作品的差异性。随着人们对著名设计师个体研究案例的增多，就会发现“一种体现不同情感和美学效果的个体语言的存在，一旦人们对这门个体语言变得敏感，他们就再也不可能把一个设计师的汽车同其他设计师的汽车混淆了”。[15]显然，对设计师身份的“认同”是问题的关键所在。但事实上，人们对包括汽车设计师在内的大多设计师是不了解的，就像我们提到迪特·拉姆斯（Dieter Rams），他的名字对于大多数人而言显然是十分陌生的，设计师似乎与大众的生活离得十分遥远。彭妮·斯帕克曾经略微带些不解地说：“我们对商标名称和汽车制造商的名字耳熟能详，但是对那些凭借想象力带给我们那么多熟悉事物的人们却知者甚少。”[16]“设计师”这个群体显然被埋没在爆炸性工业时代所提供的形形色色的商品大潮之后。

然而，这种隔阂的情况也不是绝对的，有一些设计师的名字就能够让人们记忆深刻并且为之津津乐道，例如克里斯汀·迪奥（Christian Dior）和

13 ［英］彭妮·斯帕克：《设计百年——20 世纪汽车设计的先驱》，郭志锋译，北京：中国建筑工业出版社，2005 年，第 7 页。

14 同上。

15 同上。

16 同上书，第 8 页。

可可·香奈儿（Coco Chanel）对女性消费者来说意味着精美的时装和高级化妆品，而菲利浦·斯塔克（Philippe Starck）对于强调现代感的家庭成员来说则意味着那些趣味十足的厨房餐具和家居用品。于是，我们注意到了在设计师中，存在着“隐匿”或是“在场”的现象。然而又是什么导致了一些设计师可以为普通大众知晓（在场），而大多数的设计师却不为人所知（隐匿）呢？

首先，这就指向了隐匿与在场的深层对象（即表象的内在动因）——设计师的创造力。大量的事实告诉我们，创造力是造成“某些产品完全能够得到市场的认可，某有些产品只是得到局部的认可，而有一些甚至只能停留在概念阶段”局面的重要因素之一，如何引导设计师的创造力成为一种有效的企业资源是本书探讨的一个重点。

其次，我们丝毫不怀疑设计的价值，但是价值实现的前提一定是以交换的实现作为基础的，它包含在等价交换的各项价值因素中。理想主义的设计师或许会将大众当作一个无差异的群体来对待，强调的是一种标准，但是事与愿违——事实上大众对于多变的风格更有好感。这样的现实促使我们必须要冷静地思考，在一个复杂多变的商业系统中，如何对大众反映的多样性加以细致的考察，以实现一种反思性实践。消费者和企业家作为认同施发者，需要对设计师的设计行为做出判断，而设计师的创造力作为个人知识结构中最重要的组成之一[17]对设计行为具有主导性，同时也是职业设计师身份构建的基础，并成为认同最核心的对象。在一定的时间和空间的维度当中，认同施发者和认同对象之间所体现出的一致性和连贯性——这一深刻的社会互动关系构成了彼此间的认同。“由于今天社会生活的‘开放性’，由于行动场景的多元化和‘权威’的多样性”，[18]因而针对设计认同所具有的特殊意义有必要展开一种自我反思性思考。对问题简单化的处理很难使我们对设计师职业化的构建有所助益，因此能够触及问题的本质或者说是问题的完整性，即一种系统模型的构建成为我们研究的重点。因此我们要强调的是，对设计师创造力的评价须放置在一个现代商业系统中来加以处理，这些问题思考促使了本书对处于现代商业系统中设计

17 沃尔什和克罗斯都分别对此问题有过自己的评价。

18 [英]安东尼·吉登斯：《现代性与自我认同》，赵旭东、方文、王铭铭 译，北京：生活·读书·新知三联书店，1998年，第6页。

师的创造力和身份认同问题的研究。

设计师存在的意义离不开对如何实现自身价值的追问。如果要符合设计师这样一种身份（注意，这个身份不是与生俱来的，不仅伴随着艰辛的历程，同时也是一批人集体努力的结果），必然会面临各种困境。那么，究竟什么样的条件才能够最大地激发设计师的创造力呢？在本书当中，我们意图将这个问题进行解构式的分析，即将设计师创造的“在场”视为一种“展开状态”，设计师本人作为一种行为的主动参与者。与原先的形而上学的认识论将人视为认知主体有所不同——消解着一种二元对立的世界观：人向世界开放，世界同时向人显露。[19] 同时，这样的一个研究主旨也试图回应当代文化的一种认知倾向：在现代社会中，语言已由过去的“再现”事物的意义跃居到一种“先在”的位置上，语言不再是借助于人的讲述而存在，而是先于人的讲述存在的一种经验系统，它只是借由人“在自己进行讲述”。[20] 这种认识上的转变几乎构成了当代信息传播的主要依据，以“创造”和“认同”这样的词语来描述设计师的实践活动则意味着在语言表征的背后确有其事，如果创造是一种“形式”，那么认同的则是这种形式所持的“态度”，而本书所努力触摸或者说还原的正是这两个词语所涵盖的事物的真相与原理。

这种触摸首先从处于设计师隐匿与在场的他者——“组织”入手，进行系统的研究。“何为组织”并非是一个孤立的问题，而是与“何为个人”这个问题互为前提的，因此个体必须要意识到组织的存在和所起的作用。反之，如果抱有惯常的对立思维则无疑对于双方都是无益的，因为这将导致双方都不能得以完整地自我表达。当出现这种状况时，设计者往往会采用默契认识和直观的决策，例如他们虽然知晓或执行某项工作，但就是不能说出“为什么要这样做”，这种语言的缺失会在设计程序里面留下一些空白点，导致经验的流失和片面化。因此本书的重点也在于研究设计师个人与组织间的博弈过程和结果。

进一步，我们会将设计师置放于商业系统中作更深入的考察，在消费文化

19 ［德］海德格尔：《存在与时间》，陈嘉映等译，北京：生活·读书·新知三联书店，1999 年。
20 同上。

所主导的日常话语实践中，“对于设计是否应该以消费为导向，以商业价值为目的的质疑，在历史上由来已久”，[21] 设计与商业的关系在许多人的认识中存在着某种程度的褊狭：不是过于轻视设计，将其视为仅仅是工业和生产的调味剂，其作用在于使产品更畅销；就是试图将设计悬置于商业之上，力图将其塑造成新精神的倡导者。结果是设计和商业系统的关系被双方错误地低估，而彼此间并未充分利用各自的优势资源，因此我们需要一些明确的证物，一方面让工业和商业系统的管理者能够意识到设计的创造性所蕴藏的价值；另一方面，就设计师一端则应该对自我的身份有更为全面的认识。我们必须清楚，将所有的责任压在设计师的肩上显然有失公允，因此对处于不同的立场管理者和消费者的考察使研究更为全面。

从生产到销售，从制造者到消费者，无论是在商业的系统流程或是人际网络中，设计师从来都不曾缺席，他不仅是最密切的观察者，也是最深入的介入者，在商业系统的每一个环节，都有设计师的身影。但同时需要强调的是他者——企业家和消费者对设计的理解，在一个复杂和危险的世界，设计师如果能够通过别人的视角来审视自身，则会采取一种更有原则和更负责任的姿态。由此，我们力求能够对设计与商业之间真实的经纬关系加以发展和澄清，以求发现遗漏了什么，以及还须补充什么。

最后，我们也清楚地认识到，当聚焦在谈论设计师与管理者、设计师与消费者之间的关系时，应该扩展观察的视角，从更为宏观的社会角度来探求设计的文化和社会意义。一方面是设计的内在需求，设计已经不再是简单地解决产品的造型问题，“任务不再是为普通大众，或是民族群体，或是市场，甚至抽象的意识形态所指的‘消费者’来设计，在许多社会不管大批量生产的连续任务，任务就是为置放于他最直接的环境中的个体而设计，搜寻当地重要的一致性和关联性。产品应该是针对个人的方式，否则使用其他方式则会搞乱文化生态”[22]；另一方面，则是外在的原因，设计严格来讲是一种文化选择，[23] 我们世

21 ［美］瑞兹曼：《现代设计史》，［澳］王栩宁等译，北京：中国人民大学出版社，2007 年，第 418 页。

22 R. Buchanan, “Branzi’ s dilemma: design in contemporary culture”, *Design Issues*, 14 (1), 3—20, 1994.

23 Norman Potter, *What Is a Designer: Things, Places, Messages*, Hyphen Press, 2008.

界正在加速发展，并且大部分已经改变，并且还将继续改变。设计是一种价值驱动的活动，社会需要对设计有更深入的认识。“为创造变化，设计师将价值附加在这个世界上——他们自己或是他们顾客的价值。作为设计师是一个文化选项：设计师创造文化，为人们创造经验和意义。”[24] 最终，设计师和整个设计一起创造他们自己的未来——这是他们最至关重要的创造。从不同层面来探究创造与认同的关系，其最终目的在于为设计师的理想寻求一个出口。如若能够达成这样的目标——寻找到商业实践为现代设计注入了一种什么精神，那么无论是将其归类成为人们对设计师人群的外部感知，还是视作设计师自身状态的一种参考坐标，我想，这样的探讨结果应该可以在有限的空间里面获得一定的社会独立价值。

从“设计师的创造力”与“组织的认同”这二者的关系入手，是对设计师职业化的一种反思性分析，因为设计师职业既不是简单地从个人开始，也不是由外在因素所给定，而是两种力量的合力，本书试图将两个问题之间的合理性加以揭示。从研究的角度看，主要从几个方面进行了相关文献的检索：有关设计师创造力的研究；有关设计认同的研究；有关设计师职业化问题的研究。所有相关的文献主要集中在设计研究及设计管理这一领域中，对所研究的问题有明确的针对性，在可能的情况下我们也将范围扩大到了社会学、管理学和心理学的相关领域。这些文献对于经济领域中的设计概念和当下文化的塑造也指出了一个新的意义。我们的研究并非是为了全面展现设计活动背后的科学技术知识和工业产品的信息集聚，而是为了探究设计活动在社会经济循环中的作用和形态，从而强调在商业交换过程中提升设计内涵的重要性。

针对设计师职业发展的问题在有关研究中并没有专论，都是散见于各种设计史的研究中，例如斯蒂芬·贝利和菲利普·加纳的《20世纪风格与设计》、大卫·瑞兹曼《现代设计史》、诺波·内特的《工业设计一个世纪的反映》，以及爱德华·卢西·史密斯的《工业设计史》[25] 等，都对设计师的职业化在英

24 *Mike Press and Rachel Cooper, The Design Experience,* Ashgate Publishing Limited, 2003.
25 Edward Lucie-Smith, *A History of Industry Design*, Phaidon-Oxford, 1983.

国、德国和美国以及其他国家中的发展历史有所研究。史密斯在《工业设计史》中甚至还专门辟出一章题为《第一个工业设计师》的章节，专门围绕着克里斯多夫・德莱赛展开的研究。这些浓缩了时代风貌的史料都可以作为一条写作的展开思路，它能够指导我在写作过程中始终以产业发展的大背景作为论述的依托而不至于陷入一种孤立的、仅仅关于技术的论证中。就国内的研究来看，学者尹定邦的《设计学概论》谈到了设计师的历史演变的问题，在其另一本专著《设计营销管理》中也有关于设计师的专节；黄厚石和孙海燕共同编著的《设计原理》对现代意义上设计师的出现也做了有意义的分析。这也反映出了国内目前就该问题的研究现状。同时，另外一种写作方式是以时间线索为主轴、以个体设计师为主体展开的研究，其中以重要的艺术史家和建筑评论家尼古拉斯・佩夫斯纳的研究最为深刻，他的《现代设计的先驱者——从威廉・莫里斯到格罗皮乌斯》是一部重要的著作；另外一个对设计师进行专案研究的学者彭妮・斯帕克，与佩夫斯纳同样也是英国人，她的《设计百年——20 世纪现代设计的先驱》和《设计百年——20 世纪汽车设计的先驱》合在一起可以看作是对现代设计师研究的比较完整的勾勒，前者是在以设计发展的阶段性划分中，将每个时期的代表性人物悉数收入并加以评论，后者则是选取了汽车设计师这样一个有特殊性的设计师群体作为研究对象；乔治・H. 马尔库斯在 2005 年出版的《现代设计大师》[26] 中选取了 12 个有影响力的设计师，对其做出了一种批判性的评价。以上所归纳的这两种研究方式都着重于一种历史性或是设计师生平的阐述研究，没有涉及设计师职业本身所潜在的结构性问题。

另外，我们也在一些重要的文献中找到了一些研究设计师的片段，如哈罗德・范・多伦在其《工业设计》[27] 一书中提出了设计职业的概念，并对设计师在产业中的位置有所分析。这是一本经典文本，文中范・多伦所谈到的问题在后来仍保持了持久的生命力，在汇集了 1851 年到 2000 年各个时期经典文献的《工业设计读本》中可以看到范・多伦的《工业中设计师的位置》再次被提及；

26 George H. Marcus, *Master of Modern Design*, New York, The Monacelli Press Inc, 2005.

27 Harold van Doren, *Industrial Design*, New York, McGraw-Hill Book Company, Inc, 1954.

亨利·德雷夫斯的《为大众设计》[28] 所探讨的关于设计师如何工作的问题；以及像安德里安·福蒂在《物品的欲望》[29] 一书中论及了"第一位工业设计师"以及有关设计师群体性的问题。这类文献的特点是多从设计入手，设计师本身的问题研究同样没有展开。

还有一类研究是偏向于分析设计师知识构成，如埃克卡特·弗兰肯伯格等人编著的《设计师》[30]、布莱恩·洛文斯的《设计师如何思考》[31]，以及诺曼·波特的经典著作《什么是设计师：事物、地点、信息》[32]，这类文献的重点在于方法论的讨论。

对于我们的研究来说，一个重要的检索范围就是设计师自己的论著，以及他人对设计师个人所写的传记。由于我们将雷蒙德·罗维（Raymond Loewy）作为个案研究，因此对与其相关文献的阅读成为重点，罗维自己写作的两本重要的文本分别是《精益求精》和《工业设计雷蒙德·罗维》，前者带有自传性质，后者更多介绍了设计师自己的作品。

对这两本书献的精读，也使研究的重点日渐清晰；关于罗维还有一篇重要的文章就是在 1949 年当罗维登上《时代》周刊时的评论员文章《比鸡蛋更完美》（*Up From The Egg*），这篇将近一万字的有关罗维的介绍非常具有历史性，使我们的研究可以从当时的历史环境中来感受和考察设计师的角色身份等。

有关其他设计师的专著或是自传为我们的研究找到了一种时代关系中纵向或是横向的比较，从而发现其中的内在逻辑联系。在《现代设计的设计》[33] 里，内尔森以建筑师的立场对现代建筑提出了自己的看法，而对工业设计这样一种新职业在历史上的出现，作为参与者和共建者，作者自身的经验具有相当的说法力。这样的文本非常多，详见本书最后的参考文献，而在此想提出的是其中

---

28 Henry Dreyfuss, *Designing for People*, The Viking Press, 1955.

29 Adrian Forty, *Objects of Desire Design and Society 1750—1980*, Thamas and Hudson, 1986.

30 Eckart Frankenberger, *Designer the Key to Successful Product Development*, Springer, 1998.

31 Bryan Lawson, *How Designers Think the Design Process Demystified*, Architectural Press, 1980.

32 Norman Potter, *What Is A Designer: Things, Places, Messages*, 1969, Hyphen Press.

33 Stanley Abercrombie, *George Nelson: The Design of Modern Design*, London: The MIT Press, 1995.

的一本重要的经典文献，就是莫霍利－纳吉的《运动的幻想》[34]，其中对设计与生活及设计的思维方式等所具有的开创性观点，对于我们研究设计师的职业化及所面临的环境都有相当的启示意义。

关于创造力的文献非常丰富，但是具有一定重要性的却仍是少数。其中被誉为“创造力之父”的托伦斯所著《宣言：创造力职业的发展》是一本有指导意义的文本；同样在创造力方面有深入研究的还有米哈伊·奇凯岑特米哈伊的《创造性：发现和发明的心理学》，对“创造在那里”的提出转变了传统对创造是什么的追问方式。在管理学领域中探讨创造力问题的文本数量同样相当可观，一本由欧洲管理发展基金会出版的有关欧洲的卓越的管理发展实践的文献，从企业创新的角度对创新与商业的关系做了有意义的探讨，其书名就是《创新企业学习》，可见创新的涉及面已经渗透到了企业内部。有大量关于创新研究的书来自管理领域，如阿伦·阿伏哈的《创新管理》、迈克尔·米哈尔科的《创新精神》、凯汉·克里彭多夫的《创新之路》，而这中间最有影响当数汤姆·彼得斯的《汤姆·彼得斯论创新》及《重新想象》，以及同样集中在管理学方面的彼得·德鲁克的《创新与企业家精神》，而且德鲁克更被视为系统阐述创新概念的第一人。这些学者都是站在设计之外的立场来讨论创造力问题，对设计本身也有一定的启示性。

由理查德·佛罗里达所提出的“创意经济”的概念进一步把创造力的思考维度扩展，设计居于其中也产生了符合时代的新的转向。

在设计领域中有关创造力的研究也不少，比如在《设计设计》[35]这一相当诗意的文本中，就展开了对设计思维，包括对想象力的找寻等具有强烈作者的个人风格的分析；马克·道格拉斯和瑞·罗斯威尔合著的《工业化创新手册》[36]对创新问题有深入的研究，为本书的研究提供了丰富的视角；对许多日常设计的创新之谜做了有趣探讨的《设计的创新》[37]；同恩佐·曼兹尼的《创新的物质》有相似之处，就是这两本书都是从设计物品本身所体现出的创新性来

34 L. Moholy-Nagy, *Vision in Motion*, Paul Theobald, Chicago, 1947.

35 John Chris Jones, *Designing Designing*, London: Architecture Design and Technology press, 1991.

36 Mark Dodgson & Roy Rothwell, *The Handbook of Industrial Innovation*, Edward Elgar, 1994.

37 Henry Petroski, *Invention by Design*, London: Harvard University Press, 1996.

加以讨论的。

《创意团队领导的手册》[38] 这本书为组织的创新开出了详细的处方，集中的研究对象是组织内部；同样是从组织出发的《创新的艺术》[39] 所涉及的创新的产生和激发包含了从个人机体到组织的多重影响；这方面的研究还有《从跟从者到领导者——新兴工业化国家的技术和创新管理》[40]，其中也谈到有关组织如何为创新创造条件的内容。

将设计置于商业系统中来探讨的文献有，托普兰的《设计项目的管理》[41]，该书算是最早一批有关设计管理的文献，其中有一节题为《什么类型的项目团队》，其中有谈到角色的层级，从设计责任人到设计管理者，以及设计师和设计供应商，各个层级彼此之间互相转换的关系和发展；《设计方法是人类未来的种子》[42] 在设计程序发展部分，就设计的目标所谈到设计关注中心的变化，从产品本身转移到了对生产者、传播者、用户以及作为整体社会的关注；在克鲁斯的重要著作《设计方法的发展》[43] 里，在有关设计师的系统设计方法中谈到了人类环境改造学、控制论、市场和管理科学需融入设计思考之中的议题。从《设计的维度——生产策略和全球市场的挑战》[44] 一书的目录就可以看出文章是对新时期设计所面临问题的探讨，文中强调在一个新时期，设计、市场和技术是相同量级的合作者的观点；奥克莱的《设计管理——问题和方法的手册》[45] 是有关设计管理的所录文献较为全面的一本，分为七个部分：设计和设计管理；商业语境；企业中设计管理的方法；设计过程的本质；市场和设计间的连接；管理设计项目；面向未来；由目录就能看到作者从管理者的角度对设计的生存空间所做的深入研究；而布鲁斯等人的《市场和设计管

---

38 Tudor Richards & Susan Moger, *Handbook for Creative Team Leaders*, England: Gower Publishing Limited, 1999.

39 Tom Kelley, *The Art of Innovation*, New York: A Division of Random House, Inc, 2001.

40 Naushad Forbes and David Wield, *From Followers to Leaders Managing Technology and Innovation In Newly Industrializing Coutries*, London and New York: Routledge, 2002.

41 Alan Topalian, *The Management of Design Projects*, London: Associated Business Press, 1980.

42 J. Christopher Jones, *Design Methods Seeds of Human Future*, John Wiley & Sons Ltd. 1981.

43 Nigel Cross, *Developments in Design Methodoloty*, John Wiley & Sons, 1984.

44 Christopher Lorenz, *The Design Dimension Product Strategy and the Challenge of Global Marketing*, New York: Basil Blackwell, 1986.

45 Mark Oakley, *Design Management A Handbook of Issues and Methods*, London: Blackwell Referenc, 1990.

理》[46]则非常明确地将设计和市场的关系作为研究重点，对如何有效地使用设计提出了自己的看法。这些研究对本书有关商业语境中设计师的价值发挥有一定的参考性，正像我们看到的那样，创造问题、创新问题越来越受到商业领域的重视。

以上我们所列出的文本代表了当代研究的状态，是在设计管理领域中具有一定分量的、有创见的思考。通过大量的阅读和检索，本书有关创造力研究的框架也大致形成。但显然，我们并不想滞留在已有的成果中，能否对设计师的创造力问题的思考有所发展也成为本书的一个自我设定。

关于认同问题，在设计学科还没有相关专题的研究，对这一问题的研究源于心理学。1915 年，弗洛伊德在《悲哀和抑郁症》（*Mourning and Melancholia*）这篇论文中第一次提出"认同"这个术语。弗洛伊德和米德分别是两个当代主要的、同时又是互相对立的心理学流派的理论代表人物：内省的（introspective）或者说是分析的（analytical），以及行为主义的（behaviourist），但就认同问题他们却没有什么分歧；之后，由于《认同，青年以及危机》（*Identity, Youth and Crisis*）一书的出版，使埃里克森在认同方面的研究逐渐引起人们的注意，他的重要性就在于他使认同（identity）和认同危机（identity-crisis）这样的概念成为当代社会理论的核心问题；在上个世纪两个最著名的社会理论家帕森斯和哈贝马斯那里，认同成为他们研究的一个核心问题。帕森斯对"认同机制"的提出构成了社会结构和行动的重要基础，这些问题都隐含在他的《社会行动的结构》一书中；对哈贝马斯来说，他关于认同的认识论，事实上是来自哲学基础而不是社会心理学基础，在他看来，认同的全部问题是哲学主要关心的问题，也就是人类和社会通过认同的自我反射的符号所要寻找的，对把他们放在世俗的和宇宙环境来说是有意义的。虽然，有关设计认同的研究似乎还是空白，但基于学科跨界研究的思维，我们可以看到在心理学、哲学方面，有关认同的研究对于我们考察设计认同的问题奠定了坚实的理论基础，并具有一定的指导性。

46 Margaret Bruce, Rachel Cooper, *Marketing and Design Management*, London: International Thomson Business Press, 1997.

有关创造和创新的话题在西方设计研究领域一直持续不断，可见对设计本质问题的探讨还是核心。但就国内目前的研究来看，真正有价值的并不多。涉及创造性问题的博士论文在中国国家图书馆的博士论文库中只有三篇，一篇是清华美术学院蒋红斌的《超以象外得其圜中：从汉字字体演进的外部因素比较来探索设计的创造性》，蒋红斌的论题显然是以汉字字体为主体来梳理出设计的创造性；另一篇是南京艺术学院何晓佑的《从"中国制造"走向"中国创造"——中国高等院校工业设计专业教育现状研究》，是从一个特殊时期的社会问题来谈中国的设计教育问题；还有一篇是清华大学黄维的《艺术设计教育中创造性思维培养的研究》，显然这是集中在一种思维活动方面的研究。同时我们注意到，有关设计认同的研究在国内还没有专门的论著。

因此从目前国内外的相关研究的现状来看，本书所涉及的创造和认同两个问题，还没有较为深入的专门论著，而本书将二者加以结合研究尚属首次尝试，这样的组合研究无疑将使我们对一种表象的深层结构性关系有更立体的把握，同时也使我们的研究显得异常艰难。显然的困境已经摆在了面前，但对设计师职业化过程中创造和认同关系的研究所存在的巨大的空间，以及其所隐含的价值又鼓励和催促着自己的前行。

关于本书的研究内容，首先，在展开对设计师的创造与认同的深层原因研究之前，有必要对设计师职业化过程的历史轨迹做出梳理。现代意义的设计师作为一种新的社会角色，其出现是工业革命爆发后的一种内在的需求。从克里斯多夫·德莱赛到雷蒙德·罗维，再到今天的菲利浦·斯达克，设计师的角色随着社会语境的转换，呈现出不同的行为方式，也涵盖了不同的知识系统，这清晰地显示出不同历史时期的群体性特征和个体性差异性，而这背后，有没有一种统一的、相似和共通的精神指向呢？这个问题如若得以解决，可以使我们对设计师自我身份的确立研究建立在一个宏观的、长时段的历史语境之上。这构成了本书第一章的内容。

以雷蒙德·罗维作为个案展开研究，对现代商业系统中的职业化设计师所面临问题的考量是本书第二章讨论的重点。对罗维三个阶段的发展分析，呈现出三个核心问题。首先就是设计师个人身份从隐匿到在场的问题。将隐匿和在场的概念和决定性因素做出分析，揭示出身份建构的深层原因。由于作为语言表征的词语背后所蕴含的是不同的人在不同历史时期和生产关系里的角色定位，而隐匿和在场究竟意味着什么样形式和程度的设计师的“个人表现”，却不得而知，因此我们必须找到形成这两种状态的内部及外部原因——经分析证明，它们与设计师自我身份的认定有着密不可分的关系。第二个揭示出的问题是创造性与商业成功，针对罗维个人所表现出的创造性人格，体现出的产品创新方面的独特技巧以及由此所获得的商业上的成功。罗维作为创新者需要具备概念化能力、行动能力和人格魅力，揭示了设计师个人自我实现的能力。

如果对经由设计师的行为所完成的设计的本质做深入的考察，我们会发现立于设计背后的巨大内在动因是“创造力”。这是本书第四章展开讨论的话题。显然，理查德·佛罗里达（Richard Florida）所言的“创造有意义的新形式的能力”与人是混合在一起的，也就是创意来源于人——设计师以一种特定的方式进行感受、思考和行动的特殊倾向在整个人类的行为图谱中处于一个特定的位置，因而与普通人的行为方式有着巨大的差异。“设计师→人→群体社会中的一员”，是一种必然的社会结构，而组织中的人则是一种经过设计后的生产性结构。“人际关系固然在人性形成中是重之又重的，但唯有把个体置于社会综合结构中时才可以被理解”[47]。因此，“组织（Organization）、商业（Business）和社会（Social）”构成了我们对研究对象设计师的三个层次的考察和度量的框架体系（OBS Framework）。这一递进式的三层次结构，是在一个静止状态下（假定设计组织有利于设计师创造力的最大程度的发挥）对设计师身份及价值认同的揭示。这样一个评价体系是对设计师的自我完善和发展所具有的潜在的结构性问题的一个回应，这说明研究从具有普遍性的个人入手是可行的。同时对我们今天考察设计师的职业化问题具有启发性。首先是对设计师创造力的一种扩展，这种力量已经超越了简单的产品设计的层面，在商业和组织层面同样有创造力的显影，而一种“有限理性的创造”则为我们提供了一种应对性的策略思考。与此同时，从个人的发展线索中，从设计师与消费者的交换行为中，

47 ［美］拉尔夫·林顿：《人格的文化背景——文化社会与个体关系之研究》，于闽梅、陈学晶译，桂林：广西师范大学出版社，2006 年，第 4 页。

我们察觉了一种“信任”与“说服”的二元关系，对此我们也加以了探讨。而所有这一切，最后指向了设计师的责任与伦理。本书将罗维个人的发展对应着设计师三个不同阶段的存在状态做了比较分析，进而所有这些状态都引导我们走向一个更深层的关于认同问题的研究。这就构成了本书的第五章。当设计师的自我发展及其所隐含的价值被置放于三个基本的评价框架中加以分析时，框架自身的递进关系也自然地反映出设计师个人价值不断增量过程的内在逻辑关系。首先，设计师通常处于组织内部，设计师与设计人群是个体与群体的关系，个人的变化及在组织中角色的转换体现着地位的动态变化，是个性化不断地扩展其疆域的进程，[48] 将设计师置放于设计组织加以评价自然就集中在一种内部的关系及关联问题上。因而彼此间认同所涉及的问题成为研究的重点，从设计自我身份的认同到组织的认同，其中着重提出设计师所涉及的知识系统的重新建构问题。随后，当设计师的行为结果——人造物进入市场流通领域，消费者的“选择”和“使用”意味着一种新关系的诞生，这个阶段的设计师开始在市场中展现出他们的价值。设计师与消费群体的关系显然较之于组织的内部关系更为复杂，设计师在商业流通环节所活动的认同使其有可能对自我价值有新的界定，走向一种公共性的、普遍的社会在场成为一种设计思维中的重要组成部分。第三个阶段，正如金字塔的顶端，只有极少数人能够在 OBS 框架的组织、商业和社会三个层面都获得认同。当设计师成为一种影响人们生活方向的主导者时，设计师个体所获得的社会认同必然超越一种简单的物的存在，其背后的精神力量更具影响力。设计师在这三个层面的内在结构关系将是本书研究的重点。如果将设计师处于不同时期，自我发展内在的、潜在的结构描画清晰，我们有理由期待，设计师能够在一个充满不确定性和迅速变化的环境中表现得更好。

围绕着这些问题，本书将展开深入研究。

在通向问题的深处的过程中，研究方法决定了对研究对象——设计师，及其组织的观察点与解释的方式。

48 ［法］吉尔・利波维茨基：《空虚时代——论当代个人主义》，方仁杰等译，北京：中国人民大学出版社，2007 年，第 7 页。

文献研究和个案式、通则式的解释模式成为本书展开论述的基础。在文献的收集方面从两个角度入手，一是有关个体设计师的传记、访谈及相关的评述；二是有关组织方面的论述，包括设计组织和机构的研究以及具有普遍性的组织理论。而所有的基础文献都将被置于本书所设定的范式中加以展开讨论。

本书采用的 OBS 框架，使研究能够从更多的角度去把握设计师的行为所具备的社会属性，从内部组织到商业流通，再到大的社会系统，这是一个从局部到整体、从微观到宏观、从静态到动态的考察视角。运用这样一种互动的研究范式[49]能够将设计师的身份及其价值认同的研究做出多切面的解剖，而促成这些价值背后的深层结构动因成为研究的主要着力点。不同阶段设计师在不同场域中的存在状态及其深层结构性问题是研究的重点，针对每一不同的阶段，本书剖析的切入点都经过梳理，力求抓住核心的问题入手，这是由设计师和设计组织本身所具有的作为变量的介质特征所决定的，通过从具有普泛性的个案研究入手，为三个不同阶段的类型提供了研究基础。而设计师在不同阶段所形成的变量，都内在于设计师自身的本质属性，也就是说设计师在“组织、商业和社会”这一 OBS 框架中所形成的变量（逻辑上的归类）均包含在设计师这一类人群的整体属性当中。

OBS 框架结构的构建，构成了我们研究的重要的方法论基础。其中，O 是 Organization 的首字母，本书的“组织”主要指设计机构，是由设计师所构建的、为追求特定目标的协作结构；B 为 Business 的首字母，从历史的眼光看，工业化的进程及商业主义的兴盛是设计发展的直接力，设计与商业的亲缘关系在今天已趋更为紧密之势，设计在商品交换的活动中成为生产者和实用者之间的关系纽带，今天的设计决定了商品流通的广度和深度；S 则是 Social 的首字母，是由个人组织成的群体，社会得在一个变动不居的世界中存在并且运转。在适应不断变化的环境的同时，有效地改良现在的环境，这是我们人类空前的能力，设计师在其中所具有的导向性概念将设计的价值最大化。三个层次相互支撑，商业中的组织当然包含设计组织，而多种类型组织所构成的商业体系又

49 有关社会学的新的研究和观察方法，可参考［德］盖奥尔格·齐美尔:《社会学》，林荣远译，北京：华夏出版社，2002 年。

内嵌于社会这一更高的网络之中，设计师在三个不同时间所发出的声音、在三个不同的场域中（范围）的影响呈逐级递增之势。将设计师个人线性发展的时间线与场域（组织、商业和社会）构成一个横向和纵向坐标时，设计师的隐匿和在场呈现出更多重的关系。

这一研究框架，使研究的各个阶段都在可运用的思考空间与范围中，此模式的解析与归纳虽以理论形式导出结论，但必须强调的是，鉴于研究模式的相对稳定性及设计师及广泛场域的动态性，一种发展的判断、整合和评估是需要的。

第二章

设计师职业形态的演进

在普遍的认识中，英国工业革命是滋生工业设计的母体——工业及其增长对手工艺及日用品设计的影响不仅十分全面，并且变得极为复杂，它促使许多行业在整体规模上发生了解构重组，同时，其从业人员的个人行为模式也无一不发生了改变。设计师作为一种独立的职业形态赫然地显现于20世纪初期，这无疑是对源于工业革命的巨大力量所发散出的“可能性”的一种回应。作为一种持续地在当前的“人造世界”里发挥巨大作用的职业种类，设计师在工业化及商业化的轨迹中逐渐规范其自身，并最终得以自处，因此有必要对其背后的潜在逻辑线索加以考量。

亚当·斯密（Adam Smith）曾经说过，劳动力是一个社会经济进步和财富的源泉……为了充分利用它，就有必要把生产过程分解为尽可能小的单位，使人都成为专门人才。[1] 而设计师作为一种职业是如何在工业化及商业化的轨迹中逐渐规范其自身，并最终得以自处的呢？爱德华·卢西·史密斯在其《工业设计史》中专门辟出一章题为《第一个工业设计师》的章节，文中非常明确地将克里斯多夫·德莱赛定义为“第一个工业设计师——至少是最早意识到自己的角色”。[2] 史密斯这种以“个人”的角度为举证的尝试可以视为对设计师职业化研究的一个发端。从结构学派（Structural School）的观点看，一种职业的确立必然伴随一系列诸如培训体系、职业团体、规章制度、道德准则等各种结构性制度的建立，设计师职业化的过程自然显现于这些相对确定的次序中，而许可制度（Licensing）与职业团体（Professional Association）的创设被视为职业化的关键步骤。以此为参照，作为专门“从事新型物质创造活动”的人才，“设计师”的称谓最初可见于1919年美国人约瑟芬·西奈尔（Joseph Sinel）[3]，他把为工业物品进行绘画的画师称作“工业设计师”。这种将自身从当时的艺术家、建筑师、手工艺者、机械工程师、发明家，甚至公司职员等众多含糊不清、模棱两可的职业状态中剥离出来的做法，无疑对尚处于工业化初始阶段的设计师的角色定义起到了积极的作用。从不同的观点所界定的设计师第一人已经出现分歧，对此进一步的确证研究并不能揭示问题（设计师职业化）

1 ［英］亚当·斯密：《国富论》，唐日松译，重庆：华夏出版社，2005年。
2 Edward Lucie-Smith, *A History of Industrial Design*, UK:Phaidon-Oxford, 1983, p70.
3 http://www.drleslie.com/Contributors/sinel.shtml, 2007.10.

的关键，也并非本书研究的方向，因此从宏观的历史视角考察设计师职业化的过程可以做出更清楚的辨析。20 世纪上半叶，在对“设计师在日趋复杂的产品创造中的统帅协调作用”以及“设计能为企业争取更高市场效益”[4]的观点形成了普遍的认同之后，设计师才开始了真正意义上的职业化进程，才开始被自觉地组织到制造过程中去。设计师职业化的确立，是由历史真实中所浮现出的个别构成要素与不同的场域交织而成的立体图景，因此亦无法简单地用一种定义或是概念来界定。但随着研究的深入，这一历史现象必将逐渐显现出基本的本质特征——那些在相互关联之中彼此牵动、彼此影响的因素将映现出设计师职业化这一历史的真实面目。

4　卢永毅、罗小未：《工业设计史》，台北：田园城市文化事业有限公司，1997 年，第 99 页。

设计现代化：创造与制作的分离

布赖恩·劳森（Bryan Lawson）指出："设计，正如我们所知道的那样，在工业化世界是一个相对晚近的概念。"[5]设计诞生于一个物质相对饱和的市场，在强有力的市场需求刺激下，人造物的形态和制作过程在不断地发生着改变。伴随着产品类型的专业化与传统造物方式的分离，设计在新的时代必然显现出其新的语义——正因如此，我们在论述设计师职业形态演进之前，首先有必要将"设计"这一概念同传统的"手工艺"加以区分。

源自传统的自然的文化（物的造型、装饰、工艺等）并非是经由设计形成的模式，而是在传统的习俗中缓慢变化的式样。在手工业时代，一个产品的创造往往都由一个工匠独立完成其构思活动和生产制作的全过程，因此也形成了手工业以现实感与实践经验为基础的认识论[6]。随着文艺复兴以后自然科学的萌发，艺术与技术之间逐渐出现了独立发展的迹象，技艺本身也因"新发明"的不断出现而遭到贬值，工业化的发展酝酿了新的消费主义萌芽，一种原始工厂系统组织形式也逐渐显现。在新的语境下，传统手工艺者的无意识劳作转变成为设计师的一种有意识活动，他们更多地将自我的意识融入物品当中。克里斯托夫·亚历山大（Christopher Alexander）认为，"当文化演进不可逆转，社会发生突然和快速的改变时，对于设计，自然的、基于工艺的方法必然无法避免地让道于自觉的专业化过程"。[7]

随着贸易的发展，欧洲在亚洲、非洲和美洲殖民地的建立以及商业体系的产生，决定了大量的需求必须经由大批量的生产来实现，以往"仅仅是结合家庭项目，而与重工业生产无关"[8]的生产制作方式以及手工业时期产品缓慢的发展节奏显然受到了时代的诟病。然而，尽管已经萌发出批量生产的动因，但是在19世纪下半叶至20世纪初的工业设计萌芽阶段，在一种折中主

5 Bryan Lawson, *How Designers Think*, UK:Architectural Press, Third edition, 1997, p1.

6 柳冠中、王明旨：《设计的文化》，展示设计协会，1987年初版，第22页。

7 Christopher Alexander, *Notes on the Synthesis of Form*, UK: Harvard University Press, 1964.

8 Edward Lucie-Smith, *A History of Industrial Design*, UK:Phaidon-Oxford, 1983, p70.

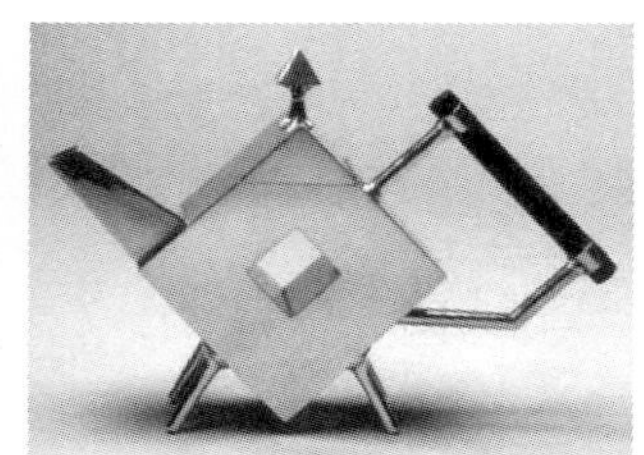

图 2-1 克里斯多夫·德莱赛作品，新时代的一种新气息的呈现。

义的想法的引导下，工业产品还是缺乏一种普遍风格的连贯性——因为即使公众渴望寻求新鲜感，但由机器所提供的连贯性风格倒不如沿袭古典的装饰手法更加让人感到熟悉和安全，并且让人感到更加容易控制。因此，在很多维多利亚时期的设计师眼中，工业时代所发明的机器和设备依旧是用来做装饰、做浮雕、打埋头孔或做表面处理的工具[9]——新技术与艺术的严重脱离，成了工业革命爆发以后设计领域所面临的最首要、最尖锐的矛盾。这从当时工业设计师的代表人物——克里斯多夫·德莱赛于1862年出版的《装饰设计的艺术》中也可以得到验证，他甚至还曾经在1871年的皇家艺术学会上宣称，“作为装饰家，我在英联邦进行了大量的实践——没有什么制造行业我没有为其设计过图案”。[10]就这种对自我身份的认定来看，当时以德莱赛为代表的大部分设计师并未明确地意识到设计活动作为一种独立思考活动从制造业中明确分化出来的事实，他们仍然是站在传统的手工艺一隅迎接着现代大批量生产的到来。而让德莱赛成为这一历史时期最关键、最具典型性的设计师的原因却清晰地体现在他后期所创作的造型简洁的金属制品上——在这个装饰风格充斥的时期，能够以理性的方式思考造型和功能之间的关系显现出德莱赛对未来设计走向的敏锐的洞察力，无怪乎后人评价“在这些作品中德莱赛似乎预见到了包豪斯”[11]。本森（W. A. S. Benson）[12]是20世纪初英国另一位具有代表性的设计师，他的创作范围从简洁风格的烛台设计、青铜或铜的烛台到电灯的配件，其作品试图在艺术家纯净的个人世界与金工匠人为家庭范围创作的低价位的工艺品之间寻找某种平

9 卢永毅、罗小未：《工业设计史》，台北：田园城市文化事业有限公司，1997年，第21页。

10 Edward Lucie-Smith, *A History of Industrial Design*, UK: Phaidon-Oxford, 1983, p71.

11 同上书，p75.

12 本森（W. A. S. Benson，1854—1924），英国金属工艺美术师，与威廉·莫里斯和工艺美术运动联系紧密。通过莫里斯公司（Morris & Co.），其作品得以销售给大量室内设计师。

衡。从他创作的出发点看，尽管其设计的对象和设计的风格都还是围绕在相对狭窄的范围，但有一点非常清楚——他更多地是将自己的创作手法当作是工程师，而不是一个手工艺人。与德莱赛一样，他们都抱有在一个局限的空间中寻找新形式的强烈愿望，他们都自觉地将计划构思与制作细分开来。这种从“追求产品的形式感”转向“人与产品使用关系”的理性思维的崛起，也促使一批有预见性的设计师意识到，通过机器化大生产所形成的一种商业规模，其成功的关键其实是如何将他们“对于美的把握”制造出来，而不只是针对单件的艺术品。

20 世纪上半叶，随着科技的突破和社会需求的不断增长，出于对人类机械文明本质的追求，新技术与合理化的设计探索成为一股风潮。一种结合大众潜在的心理需求的新的机器风格也有愈演愈烈之势，物品的本质和外表的内在的逻辑关系发生了自人类有史以来最骤然的变化。将设计的本质界定于创造性观念可以看到在人造物制作的前端，一种独立的、完整的思维逻辑成为必需，在口口相传的技艺传承中，作为今天的接收者从一种被动接受的位置一跃成为了物品的主导者，在新的物品构建中设计师的意识成为主体。不仅公众屈从于这一协调和控制的景象，设计师自己也被他们所创造的形象所吸引。“最初设计从制作分离出来所产生的影响不仅仅是设计师的独立，同时也使他们成为关注的中心。”[13] 此时的设计师也已经把目光投向了两个关键的问题：一是如何满足日益增多的大众需求；二是创造什么样的时代风格。从企业的角度来看，大量产品所形成的市场竞争迫使生产者尽量利用一种新的机器风格，以使自己的产品从其他产品中脱颖而出——这也是企业为设计师提供机会所期望实现的目的。

以工业革命中波及面最广的时装行业为例。19 世纪后半期工业革命最直接的表现就是生产率的大幅增长，底层大众的收入大大提高，使得消费社会在历史上的第一次出现成为可能。在时装行业中，涉及审美品位的问题对于其他行业的影响同样显著，“新消费主义使整个阶级开始购买它们从前从未有机会购买的东西。社会模仿效应使本来只买‘体面用品’的人开始购买‘奢侈用品’，使

13 Bryan Lawson, *How Designers Think*, UK: Architectural Press, Third edition, 1997, p23.

图 2-2　玛德琳·维奥内的设计作品，高级时装对手工艺的保存一直沿袭下来，与工业大生产并行不悖。

本来只买‘必需用品’的人开始买‘体面用品’……事实上，时尚及其利用者提升了人们的‘金钱体面’”。[14] 然而，沿袭了千百年的“个体手工定做”的裁缝业从数量上却无法适应激增的消费人群；更有甚者，合成纤维的出现也使得服装的面料变得低廉而易得，这与耗费工时的高成本生产过程形成了一种极不协调的关系。诸多方面的因素都在显示：一种大批量的服装生产和销售模式的建立势在必行！以玛德琳·维奥内（Madeleine Vionnet）、迪奥（Dior）、香奈儿（Chanel）、夏帕瑞丽（Schiaparelli）为代表的设计师通过对服装型制大刀阔斧地改革与裁剪缝纫技术的创新调和了这一矛盾，他们都在如何满足成衣的批量提供方面发挥了巨大作用。在维奥内的设计中可以看到，预先的惯常思维逻辑让位于需要构建的现实问题——在包括“圆形褶”“圆筒裁剪”“迈比乌斯环带”“斜裁法”以及崭新的“原型制作”在内的多个技术创新中，人们看到时装不仅有回归古典的审美意图，同时也融入了建筑师般的眼光来对其重新构建。这一系列新的“纺织技术、服装制造技术、大规模生产和流通技术的发展促进了时装的流通”[15]。此时的维奥内不再仅仅是一个时装的“美化者”，而是一个时装的“发明者”，她所掀起的革命，无疑“是希望能将服装制造的地位从简单的手工艺提高为一项职业”。[16] 当设计师处于一种新的、自觉的文化语境中时，表明设计和制作的侧重点已然不同，而设计师也完成了从裁缝师到一种技术规范的制订者的蜕变。由于批量制作的重复性决定了大量体力劳动者的需要，因此在技术方面的改进和实践转由大量的、专门的缝纫工来执行，从而使批量生产成为可能——时装的

14 ［美］斯塔夫里阿诺斯：《全球通史》，董书慧、王昶、徐正源译，北京大学出版社，2004 年，第 497 页。
15 ［美］珍妮弗·克雷克：《时装的面貌》，舒允中译，北京：中央编译出版社，2000 年，第 283 页。
16 ［日］东海晴美：《葳欧蕾服装设计史》，台北：美工图书社，1993 年，第 116 页。

设计与制作的分离终得以实现。

由此可见，在标准化和合理化成为产品批量生产的基石之后，出于市场竞争的需要，有一部分人就自觉地转向了与产品视觉形象有关的工作。工业设计师的职业化最早出现在20世纪20年代的美国。在参与工业设计活动以前，美国的设计师多具备了商业艺术、展示、陈列以及舞台设计方面的经验，其与商业环境紧密结合的成长背景与同一时期着力于探索“一种崭新的与工业化生产方式相适应的设计思想”的包豪斯的设计师们全然不同。正因如此，欧洲设计师的观念比起美国职业设计师更注重产品的功能性作用和内在品质，以及与制造方式的协调问题。

与此同时，担负起社会发展重要角色的设计师也逐渐发现，他们的设计行为在商业主义和社会服务之间的紧张穿梭揭示了他们为求成功而必须采取折中的态度，作为消费者和制造商这一双方的互惠系统的纽带，对艺术和商业的同时并重势必会导致“个人化”与“普遍化”的诸多矛盾。因此尽管许多工业设计师发现为财富阶层调整产品外观的缺陷是必需的，但是当他们这样做时时常感觉处于孤立无援的境地，常常就此从心理上排斥自己的商业角色。但是，随着消费主义时代的到来，设计的作用也越来越表现为对经济的推动。事实上，如果没有经济作为推动，那么现代设计将还是少数精英设计师心中所期望的梦想，因此唯有通过出售产品以及不断地将自己视作与现代相并行的成员，才可能成为“通过提供其人造物来重新改造社会”的先锋人物。因此在成为设计师的过程中，设计师不只是进入了一个新的职业，更应该有一种强烈的目的，就是将艺术运用在工业中，这不啻是完完全全的超越。作为一个合格的现代设计师，应该自觉地意识到便携式收音机、摩天大楼或是飞机马达和电风扇的共同之处，以及传统的瓷器、玻璃制品迥异的材料构成和生产方式——通过在一个人造环境中对存在的人造物下意识的、连贯性的理解，消费者和设计师之间的关系得到巩固。由此来看，如果没有一种普遍风格所提供的相互间的参考网络，设计师就不能向商人证明其“有用性”——很显然，设计师这一角色的“有用性”不在于物品的制造，而是构思、策划制造“什么样”的物品。

设计团体和教育机构：推进设计职业化的核心力量

对 20 世纪初英国、德国、美国这三个国家设计机构的考察，是鉴于其在工业化发展中的超前角色所决定的。随着针对“在机器化大生产及大量急增的消费需求下，如何解决产品的最优适应性”等问题的思考，这些国家涌现出一批有着强烈社会责任感的设计师，以及在他们的组织下形成的设计团体和教育机构，这些人和机构团体在 20 世纪上半叶工业设计成长阶段都发挥了巨大的推进作用。

英国：协会的力量

尽管设计师的职业化最早出现在美国，但“设计师”作为一种正式职业最早得到官方承认却是在英国。

1914 年，一批英国设计师参加了由德意志制造联盟在科隆举办的展览，展览带来的不仅是惊喜和刺激，更是一种紧迫的全球化的竞争压力，因此他们说服英国的贸易委员会建立一个专门的设计改革机构，鼓励个人、生产商和零售商坚持在英国工业中对设计保持一种高标准。设计和工业协会（Design and Industrial Association，简称 DIA）就此在 1915 年得以成立。协会提出一种新的工业设计标准，其目的就在于体现一种如阿瑟·克拉顿·布洛克[17]（Arthur Clutton Brock）所宣称的“合目的适宜”。积极的观念吸引了大批设计师的加入，从成立初始，包括来自工业部的设计师以及艺术家和建筑师就有 199 名会员，到 1928 年时会员更达到了 602 人。1916 年，协会刚一成立就开始通过自办的小型刊物发表文章，对当时贫乏的设计和劣质的手工艺品加以抨击；从 1922 年开始，协会借鉴德意志制造联盟的模式，开始出版年鉴，其中的文章具有一定思考深度并配有插图。从 30 年代早期开始，协会逐渐接受了现代主义的思想，关注点集中在消费品的品质提升以及价格如何降低的问

17　阿瑟·克拉顿·布洛克，艺术批评家，是“设计与工业协会”的成员之一。

题上。如果说，早期成员所关心的还只是针对设计物品本身，那么协会后来通过与大商店和百货公司合作举办展览，将设计师的作品展现在公众面前的行为就不仅仅是出于商业的目的了，这样“让消费者近距离接触设计师作品”的有意识的安排更承担了一种教化的功能。1938 年，DIA 多数的活动由于战争的威胁而大大缩减，但一些家居和室内设计的展览仍然被送到部队的营房、艺术画廊和学校——这从一个侧面反映出 DIA 在推广设计过程中强烈的社会责任感。

1930 年成立的工业艺术家委员会（Society of Industrial Artists）与艺术和工业委员会（Council for Art and Industry）同样成为英国设计师的聚集地。这两个团体与设计和工业协会交相呼应，共同为英国的设计思考未来发展的方向。其中工业委员会所发挥的作用尤其不容小觑。工业委员会的前身可以追溯到 Lord Gorell 委员会——这是一个致力于研究生产的状况并且展出日常的家庭用品的组织，在其发表于 1932 年的委托报告中，对英国从 1754 年至 1914 年间有关艺术与工艺协作以及教育所需要的条件做了详尽的陈述，并建议对艺术与工业之间的关系做进一步调查。当然，Lord Gorell 委员会最具前瞻性的举措也还当属在 1933 年竭力促成英国贸易委员会“组织建立艺术和工业委员会”这一事件。艺术和工业委员会的最初成员来自工业、商业、艺术、设计社团和理论批评等多个领域，在首任主席弗兰克·皮克（Frank Pick）的带领下，委员会开始研究在陶艺、纺织品、珠宝、金属制品以及其他产业中设计师的培养和职业化的问题，他们甚至在 1937 年出版了题为《工业中的设计和设计师》的报告——这是一份较早对设计师人群进行分析的文献。此外，委员会还积极与创建于 1852 年的维多利亚 - 阿尔伯特博物馆（简称 V&A Museums）合作举办设计作品展览，积极致力于对普通消费者的教育，同时还研究小学阶段的艺术教育和成人的视觉审美培养。从出版物和举办的一系列展览活动中，不难看出委员会并没有陶醉于一个封闭的机构内部，而是力图将设计和设计师的价值渗透到社会的每一个角落，他们将自己（包括所设计的作品和设计师本身）植入社会的批评语境中——而恰恰是这种勇气成就了委员会自身的历史价值。

另一个设计师的专业机构是英国设计师特许公会（简称 CSD），它成立于

图 2-3 维多利亚 – 阿尔伯特博物馆概貌，1937 年。

1930 年，是世界上最早的特许机构。CSD 由皇家特许机构（Royal Charter）进行管理——这样的成立背景，令其成员有责任在设计实践中达到最高的专业标准。而也正是由 CSD 设立的工业设计师注册制度，使英国成为最早实行工业设计登记制度的国家。这一切举措的目的是"确保和促进设计师的职业化身份，对其设计实践的规范和控制是为了造福业界及公众"。通过对设计师的推广使得设计师的身份进一步得到社会的承认。二战以后，在英国的重新恢复的过程中，设计师特许公会及其会员在其中扮演了主导的角色。

在教育机构方面，维多利亚 – 阿尔伯特博物馆的附属设计教育机构——诺曼学院在英国工业化进程中发挥了积极的作用。作为第一所围绕国家的核心工业区所成立的学院，其毕业生通常会被当地产业所雇用，这些具有一定品位的设计师为当时企业陈旧的产品注入了时代的活力。

德国：从个别试验走向社会普遍承认

19 世纪末期，在其他国家依旧沿袭英国的设计教育模式时，德国因较少传统束缚而在科学、技术方面的力量日益雄厚，从而衍生出一种真正建立在大工业基础上的设计改革理想。德国设计师对工业产品的理性思维对后来 20 世纪的设计教育产生了深远的影响。

赫尔曼·穆特修斯（Hermann Muthesius）当属这一时期的核心人物。作为普鲁士贸易委员会辖下的艺术与工艺学院的主管，在英国亲历了工艺美术运动之后，他回国通过发表大量的文章和组织研讨会阐述了自己对于这场运动的看法。穆特修斯的立场是客观而理性的，他并没有认为这场以"效法自然界"为出发点的设计运动可以被原封不动地照搬到自己的祖国，但他却从中提炼出了"一种由适应性和简洁性而来的干干净净的优美和雅致”的理想产品模式，这样的描述很快就引起了一向重视“合乎科学原理”的德国大众的共鸣。作为教师出身的穆特修斯一直对设计教育十分关注，他不仅专门负责重新修订全国应用艺术的教育大纲，而且还对多家艺术院校进行了整顿和改革；同时，他还是工业设计初期德国最重要的艺术与生产机构——德意志制造联盟（Der Deutsche Werkbund）的发起人之一。真正将设计文化立足于现代技术力量之上的首个设计师组织是德意志制造联盟，它成立于 1907 年，它的诞生被认为是“标志了从个别试验走向创建为社会普遍承认的一种风格的最重要的一步”[18]。除了上文中提及的穆特修斯，这一设计团体的其他参与组建者如彼特·贝伦斯（Peter Behrens）、西奥多·费舍尔（Theodor Fischer）和约瑟夫·霍夫曼（Josef Hoffmann）等，都是推进 20 世纪设计发展的重量级人物。联盟在成立的当年会员就增加到 700 人，成员包括制造商、建筑师、工业设计师、手工艺人、教师、广告人在内的各行各业的人员，几乎囊括了当时最具先进性的艺术设计精英，其中的很多人在日后都成为享誉全世界的设计大师，例如亨利·凡·德·威尔德（Henry van de Velde）、路德维希·密斯·凡·德·罗（Ludwig Mies van der Rohe）和沃尔特·格罗皮乌斯（Walter Gropius）等人。联盟一方面继承了英国工艺美术运动的观念，试图通过艺术与工业的有效协作恢复手工艺技术应有的声望；另一方面则呼吁德国的产品必须通过改善技术和美感以提高与英、法、美等国竞争的实力——在这一点上，同一时期的各国设计师都表现出了强烈的民族自尊心。1914 年，德国科隆展上展出了布鲁诺·托特（Bruno Taut）的玻璃馆、格罗皮乌斯的现代工厂建筑以及凡·德·威尔德的联盟剧院。德意志制造联盟新一代的设计师在公众面前的精彩亮相让人印象深刻，因此这次展会也被认作是一次全面展现现代主义运动的设计盛会。

追求产品的“内在质量”已成为联盟成员工作的首要目标，因此他们从来都不只是将兴趣集中在物品表面造型的美观上，也不仅仅只是关注一些细碎事物的设计，在更多情况下他们超越了工业文化狭小的参数范围，将自己的设

18 Siegfried Giedion, *Mechanization Takes Command*, W. W. Norton & Company, 1975, p356—359, p21.

计目光投向整个大环境的方方面面。联盟历史上最具戏剧化的一幕发生在穆特修斯与凡·德·威尔德之间的一场论战。1914 年，在科隆举行的联盟年会上，穆特修斯站在联盟权威代表的位置上对威尔德在艺术和建筑上所坚守的“个人主义”提出了批评，但后者在整个现代工业体系中始终强调尊重个人精神独立性的观点却赢得了包括格罗皮乌斯在内的大量与会者的支持。当年的论战以穆特修斯的失败而告终。然而，随着生产实践的扩大与深入，人们却又逐渐意识到设计活动的确是促进了工业产品在风格和技术上的标准化，标准化生产的优越性也彰显于制造业的各个方面，德国甚至还在 1916 年成立了“德意志标准化委员会”（Deutsche Normen Ausschuss）——这都充分验证了当年穆特修斯观点的前瞻性与合理性。由此可见，尽管穆特修斯当初所坚持的“类型化”概念与威尔德所强调的“设计师个人的独立、自由和创造性地艺术表现”都只是设计思想发展到一个特定历史时期的必然表现，但不可否认的是，这场关于“设计立场”的思想碰撞不仅明显地暴露出联盟内部所持观点的多样化，两位具有探索精神的设计师在观点上的矛盾冲突也对以后的设计产生了深远的影响。

1934 年，联盟逐渐停止了活动，虽然并非由纳粹官方解散，但面对其操纵的意图，大多数的设计师仍然秉持了自身的道德准线。直到 1958 年布鲁塞尔举办国际博览会时，联盟负责设计德国展厅，这才意味着联盟的复苏。尽管德意志制造联盟的发展呈反复起落之势，但其成员结构都遵循了联盟发起人之一——弗里德里希·纽曼在 1904 年发表的文章《机器时代的艺术》中所提出的那样，“这种超等质量只能由一批具有艺术修养、又能面向机器生产的人士以经济的方式实现”[19]。事实证明，在德意志制造联盟的努力下，德国以超等质量的设计产品领先于世界市场。众所周知，德国对现代设计史最大的贡献莫过于包豪斯（Bauhaus）设计学院的诞生。包豪斯的思想、教育及设计体系的形成牵引了整个世界的现代设计方向。包豪斯的前身为凡·德·威尔德于 1901 年在萨克森 – 魏玛的威廉大公爵的支持下建立的一所美术工艺学校。该校最初

19 ［美］肯尼斯·弗兰姆·普敦：《现代建筑：一部批判的历史》，张钦楠等译，北京：生活·读书·新知三联书店，2004 年，第 115 页。

的办学宗旨是"在设计师和手工艺师传统的、个体性的奢侈品制作基础上，更进一步为系列化生产的产品提供优质的设计"。1919 年第一次世界大战以后，学校由以建筑师沃尔特・格罗皮乌斯为首的一批艺术家和建筑师接手，在他们的不懈努力下，包豪斯成为具有时代开拓精神的先锋派艺术家反传统、推行现代艺术设计理念的战场和基地。

从最初以约翰・伊顿（Johannes Itten）为代表的某种神秘色彩的"表现主义"，到拉兹洛・莫霍利－纳吉（László Moholy-Nagy）接替伊顿以及范・多斯堡的加入，包豪斯呈现出更为理性的信念——功能主义成为学校的主导。更为重要的是，格罗皮乌斯在创建包豪斯时所发出的有力的战斗檄文，使其成为现代设计运动的轴心。学校一方面致力于"把设计师从习俗与历史的风格包袱中解放出来"，另一方面也"有助于消减'现代主义'的精英形象，从而使其转向一种更宽广的普遍的社会关注"。[20] 通过包豪斯所倡导的"艺术家作为完整的人的典型"这样一种观念，为设计师设置了一个精神性的高度——这样一种自我技术的修炼普及开来，设计师需要做的是通过自己的创造，通过建筑、服装、椅子等人造物将自己与公众之间的距离拉近并联结在一起。这也再次呼应了格罗皮乌斯所宣称的"设计的目的是人，而不是产品"这一原则。

包豪斯的贡献不仅在于建立了一套完整的设计教学方法和形成了理性主义的设计原则，它更是"实现了成为一个共同工作的设计家组织的理想"，使设计师体验到了在工业设计中"合作精神"的重要性[21]，这为以后的设计组织在心理层面和技术层面都打下了一定的基础。

美国：从驻厂设计师走向职业设计机构

在美国，职业化设计师的组织可以追溯到设计作为一种职业其自身的源起。设计最初引起美国民众关注是在 1927 年。这一年，梅西公司（Macy's）

---

20 ［美］斯蒂芬・贝利、菲利普・加纳：《20 世纪风格与设计》，罗筠筠译，成都：四川人民出版社，2000 年，第 170 页。

21 卢永毅、罗小未：《工业设计史》，1997 年，台北：田园城市文化事业有限公司，第 97—98 页。

在纽约举办了一个商业艺术展览会，会上那些有特点的“现代产品”大多来自1925年在巴黎举行的“国际现代装饰与工业艺术博览会”上的展品，这一展览的举办也是美国政府对这场重要的“现代运动”在美国姗姗来迟的承认。美国的民众和制造商对这些新的“装饰艺术”风格所表现出的兴趣与需求是如此的明显和强烈，这也促使一些设计方面的专业人士（通常是建筑师、包装设计师或舞台设计师）第一次将他们创意的重点聚焦在了大批量生产的产品上。在“后知后觉”中，一些专业人士创立了美国装饰艺术家和手工艺师联盟（简称AUDAC）以防止自己的工业、装饰和应用艺术成果被他人剽窃，并组织展示新的作品。AUDAC吸引了大批的艺术家、设计师、建筑师、商业机构、工业企业和制造商。在短短的几年之内，其会员已达一百多名，并在1930年和1931年举办了大型的展览。

1933年，美国全国家具设计师理事会（简称NFDC）成立，并在国家复兴管理局（简称NRA）的支持下制定了一项防止家具设计被剽窃的法规。但在次年，因NRA的违宪而导致这一组织被解散。1936年，在芝加哥家具商业中心的邀请下，美国的顶尖设计师组成了一个新的组织，称为“美国家具商业中心设计师协会”。协会成立以后，有些会员提出，家具业作为唯一支持人和赞助商有一定的限制，因此在1938年创立了有着更为广泛基础的设计组织，叫作“美国设计师协会（简称ADI）”，第一任主席是工业设计师兼插图师约翰·瓦索斯（John Vassos），其成员包括了设计领域中的众多专业——从手工工艺到装饰艺术，从平面图形到产品造型，从包装设计到展示设计，以及新兴的汽车造型设计，等等。

1944年2月，东海岸15位杰出的设计师建立了工业设计师协会（简称SID）。SID成立的部分原因是为了加强工业设计作为一种职业的合法性，同时通过限制其成员的数量来规范和提高专业设计人员的素质。协会对成员的资格有着十分严格的要求——每一位入会者至少要拥有三种已经进入大规模生产环节的不同种类的产品。SID的第一任主席是沃尔特·多温·提格，他也是美国最早开设工业设计事务所的设计师之一，是美国工业设计职业化的先导者。他们是想“建立一种职业化风气和设计师之间的理解，发展工业设计教育战略，用设计的社会和经济价值，来教育企业家与消费者”。[22] 雷蒙德·罗维在他的自传《精益求精》中谈到在二战后设计师的角色时，认为它已经变得更有效并且更有价值，“已经从少数几个有热情的人的试验成长为一个可接受的受尊敬的职业。”[23]

美国第一代职业设计师中的很多人都由最初专门从事某种产品设计的“驻厂设计师”发展而来。然而随着产品的多样化和相互交错，要求设计师必须具备更多的技能以面向更广的设计空间，由此就出现了“自由设计师”或称“设计顾问”，从而也导致了专业设计机构的诞生。设计师团体从此发挥出了功能化的社会作用，真正成为联系生产和销售的中介力量，这种以商业利益作为驱动的工作形态甚至一直沿用到今天的社会。

从对以上三个国家设计机构发展历程的梳理，我们发现了以下一些规律：其一，设计机构发起人的差异导致了不同的发展特色。相对于英国设计机构的政府背景，德国和美国的设计机构具有更强烈的个人主义的色彩——我们甚至可以将此描述成为“一群激动的人为了一个强烈的共同愿望”而聚集在了一起。而他们之所以占有这个位置、处于这样的地位，是因为他们捕捉到了时代的脉搏，并通过创建设计理论和创造设计产品而拥有了话语权，从而在设计机构中对所有的事务发挥着“效用”。例如，德意志制造联盟由弗里德里希·诺曼（Friedrich Naumann）、赫尔曼·穆特修斯和卡尔·施密特（Karl Schmidt）发起，因此他们的思想也就决定了联盟的发展方向，设计团体表现出个性鲜明、激进、活跃的特点。而以政府作为依托的英国设计机构，在其参与工业现代化进程当中掺杂了较多的国家影响力，因此早期的设计团体机构多是从民众文化教育普及的角度进行操作，再加上艺术与手工艺运动中反对城市与工业化的情绪仍在延续，一种自上而下的“不忍彻底与传统决裂”的民族心理积淀让英国在后来的现代设计运动中一直处于步伐缓慢的状态。

其二，设计的关联性通过设计师的交流和互动得以实现。现代设计的影响

22 ［美］斯蒂芬·贝利、菲利普·加纳：《20世纪风格与设计》，罗筠筠译，成都：四川人民出版社，2000年，第342页。

23 Raymond Loewy, *Never Leave Well Enough Alone*, The Johns Hopkins University Press, 2002, p187.

力以一种最直接的方式穿透了传统的思维屏障，陆续将不同地区和国家的设计力量囊括到这一洪流中来；同时，又让它们有机地交织在一起，彼此或呼应或对抗，从而展现出一幅错综复杂的画面。例如，德意志制造联盟最初就是在英国工艺美术运动的影响下建立起来的——在联盟的发起人穆特修斯看来，“英国的美术及手工艺运动所产生的建筑及家具的重要性在于，它显示了优良的设计是工艺及经济的基础。”[24] 这是他对保守及保护主义的艺术家和手工艺集团持强烈反对意见的原因，也是他与另外两名发起人建立联盟的根本所在。然而，德国在励精图治的快速发展之后，1914 年的科隆博览会引起了周边国家的剧烈震荡，此时的英国人反而看到了自身与德国的差距，英国设计和工业协会就是一批参加了博览会的设计师回国后，敦促英国贸易委员会成立的。又如，美国设计机构的成型也是得益于一批有识设计师参观了由梅西公司在纽约展出的“现代产品”，而这批带给美国人新视角的产品却来自 1925 年巴黎博览会。由此可见，在设计动态上的这种相互影响是通过设计师的传递来实现的，这再一次验证了设计师总是处于事件的中心。最后，不同国家和不同机构所推崇的主旨对设计及产业的影响也不尽相同。

这些举措从文化本质上是主动的——一批在社会、政治和有关抽象问题上具有相同认识的设计师，通过设计机构来统一自己的行为，并赋予设计以形式和技术之外的统一的态度。在文化多样性的历史时期中以一种激进的不断发展的方式展开。各个国家的协会机构通过定期举办的展览或沙龙，为当时的设计师和手工技师提供了自我展现的空间舞台——这也是“透过个人将一种群体观念中的设计思潮漫射开去”的过程。设计师总是试图在产业和市场之间，在不同话语方式中寻求某种一致性，而设计机构的任务就是将这种尝试进一步放大。无论是英国、德国还是美国，设计机构扮演着话语转换的角色，这种转换无处不在——出版专业书籍和批判性文章、举办专门或是面向公众的普及性的展览等——使得这样一种精英团体在不同的人类活动领域中都可以找到其踪影，从而使设计师自身的在场得到确证。

24 ［美］肯尼斯·弗兰姆·普敦：《现代建筑：一部批判的历史》，张钦楠等译，北京：生活·读书·新知三联书店，2004 年，第 116 页。

职业形态的构成：早期的工业设计师

设计活动——即便在它还未被如此命名之前，就已经牢牢地渗透在人类生产活动中了。它时常作为一种由商品、环境和形象创造共同组建的抽象概念展现在人们的面前，例如市场推广、创造企业形象等。然而，一直以来，对参与这种活动的“人”的描述却总是众说纷纭。人们普遍认为提供造型并且赋予材料、视觉环境以人文意义与经济价值的是艺术家、建筑师、工程师、发明家、工匠、室内设计师、时装设计师、印刷工的责任，这些人的任务多样而富有变化，但他们的角色却又非常关键和微妙，因为他们总是处于生产和销售缝隙之间的位置上。

美国顾问设计师的兴起

第一次世界大战之后，美国的军事工业迅速转向民用工业生产，大众消费在机械及电子商品方面出现了一个前所未有的高增长幅度，洗衣机、洗碗机、汽车、照相机和打字机这样的新型产品普遍受到新的财富阶层的追捧。然而，早期工业产品的单一化和同质化倾向也使越来越多的消费者在挑选商品时有一种无所适从的感觉。[25] 面对市场各种任务数量的汇集和扩大，生产和消费之间似乎愈来愈需要以某种方式进行联系——换而言之，商品社会的到来要求催生某种新的生产关系与之相适应。于是,以“制造商”或“工程师”面目出现的早期工业设计师因为身处供需双方的中间地带而成为最好的协调者。这样的结合最早见于 1907 年，以德国通用电气公司（简称 AEG）的瓦尔特·拉特瑙（Walter Rathenau）聘请德意志工业联盟成员彼得·贝伦斯担任建筑师和设计顾问作为开端。事实证明，彼得·贝伦斯比大多数同时期的同行在设计的探索上要走得更远一些。在“艺术家的使命就是要赋之以形

25 Penny Sparke, *Consultant Design: The History And Practice Of The Designer In Industry*. London, Pembridge Press, 1983. p22.

图 2-4　Cadillac La Salle 汽车于 1927 年上市时的广告。

式”[26] 的坚定信条下，他将创造性技巧应用到了新兴工业的生产中，不仅修补了生产和消费之间的断裂，而且很好地响应了“Zeitgeist”（时代精神）与“Volksgeist”（民众精神）的时代主题。贝伦斯为 AEG 创造了整个视觉识别系统——该系统被广泛地应用于公司所属的工厂、餐厅和公开材料以及电子产品上面。这一合作行动使 AEG 成为世界上第一家聘用一位艺术家来监督整个工业设计流程的企业和第一家让一位艺术家担任董事的公司；而贝伦斯也成为艺术设计史上第一个担任工业公司艺术领导职务的人，并就此走上了工业设计师的职业化道路。

在美国，工业设计师顾问的出现源自 20 世纪 20 年代末期。那是一个经济大萧条的年代，随着消费活动的剧变，一些在第一次世界大战中建立起来的企业倒闭了，而侥幸存活下来的企业不得不在新的生产资料和供需关系中找寻更为复杂的经营策略，产品视觉形象更新的重要性非常明显地凸显了出来。这在当时美国繁荣标志的汽车制造业上表现得尤其明显。1927 年，亨利 · 福特宣布连续生产十余年的 T 型车停产，他的红河工厂（River Rouge）因此停产了近一年半——这与福特一直以来无视市场需求的变化，多年固执于大规模、低价位的生产和销售策略不无关系。而福特汽车的竞争对手——GM 美国通用汽车为了适应消费者需求的变化却开始拒绝生产的标准化，并启用了更为灵活的生产系统。美国通用汽车的副总裁阿尔弗雷德 · P. 斯隆（Alfred P. Sloan）早在 1926 年就起用年轻时尚的设计师哈利 · 厄尔（Harley Earl）来主持新车型的设计，并作为公司“致力于符合消费趋势”的策略的一部分。事实上，哈利 · 厄尔果然也不负众

26 [美] 肯尼斯 · 弗兰姆 · 普敦 :《现代建筑 : 一部批判的历史》，张钦楠等译，北京 :（转下页）
（接上页）生活 · 读书 · 新知三联书店，2004 年，第 116 页。

望，于 1927 年设计出堪称世界汽车史上的经典作品——Cadillac La Salle 汽车[27]。La Salle 的成功之处在于其突破了当年汽车工业以马车为模型的设计模式，创造出一种现代汽车的样貌。正如斯隆所说的那样："该车型在 1927 年 3 月形成了一个非常好的开端，作为第一辆设计师设计的汽车在大生产中获得了成功，并成为美国汽车历史上的里程碑。"尽管这种尝试在其他更为开放的艺术产业领域（譬如时装和室内装饰艺术）中已经是一种长期的、经常的实践，但这种由工程师所主导的设计尝试还是具有很大的突破意义——尤其像在 GM 中出现"艺术与色彩部"这样专门处理产品外观的部门，标志着工业设计师的诞生已经为时不远了。

与注重设计哲学和理论探究的同时期欧洲的设计师们不同，以满足和刺激消费为最终目的的美国工业设计师是要"在产品销售和消费者的意识（无意识）之间，构建起一个完整的、形象化了的通道"[斯图尔特·埃文（Stewart Ewen）]。事实上，许多设计师也成功地做到了这一点，这与他们中的大部分人早先从事橱窗设计、舞台美术、路牌绘画、杂志插图等行业的经历不无关系。当"销售"成为设计师唯一的创造原动力时，一种有意识主动的改造行为在这一群体中蔓延也就不是难以理解的事情了。在很多时候，美国的设计师不仅仅是产品造型、功能方面的策划者，也是整个设计项目的负责人，担当着联系、沟通、协调各方面关系的角色，他们擅长商业谈判，其言行往往对投资方的举措产生着直接的影响。雷蒙德·罗维是这一时期的代表人物。早期从事橱窗设计和插画艺术的罗维所涉猎的产品设计范围极其广泛——从家用电器到日用品包装，再到交通工具——几乎涵盖了在工业化条件下诞生的所有人造物品，因为罗维相信设计的根本就是要满足大众消费多方面的需求。罗维甚至发展出许多针对商业设计的妙语，例如将自己的设计理念用"MAYA"一词来表现，其意为"极为先进，但可接受"（Most advanced, yet acceptable）；此外，他的"精益求精"（Never leave well enough alone）理论成为一整代设计师的信条，同时他还认为，"最美的曲线就是一条上升的销售曲线"。这些言

27 Cadillac 收归通用汽车之下，Cadillac 作为汽车史上最经典的品牌，其真正令人心动的 Cadillac 就是于 1927 年推出的 La Salle 车型。

论充分显示了罗维作为一名“式样设计流派”代表人物的立场。

尽管后来登上美国《时代》周刊封面的罗维被公认为是美国历史上产量最为丰厚、贡献最为突出的工业设计师，但实际上，沃尔特·多温·提格才是第一个全职的专业设计师——因为他早在 1926 年就于纽约麦迪逊大街 210 号开设了属于自己的设计事务所，这也是美国最早的工业产品设计事务所。早期的提格是一位平面设计师，有着丰富的广告设计经验。在 20 年代中期开始涉猎工业产品设计之后，他就一直把自己的事业目标放在“既为其委托人增加利益，又不以过多损害美学上的完整性作为代价”上面，因此，他竭力使用“已有”的技术，并以省略和简化的方式来改善产品的形象。设计事务所成立以后，提格曾经两次接手了柯达公司关于照相机的重新设计工作，他那种“一贯重视技术因素”的工作态度和“擅长以美学形式来解决技术问题”的能力使他与柯达公司建立了终身的业务关系。由于提格总是与公司里的工程师们保持并进行积极的合作，因此使他所设计的产品不仅拥有一个简洁、统一的外在形式，同时，出于对基本工作部件和关键结构的深度了解而使得它们在功效方面也毫不逊色。这些成功，使提格的设计业务从规模和范围上都不断扩大。追根溯源，提格的这一设计倾向很大程度上是受到了杰·汉比杰（Jay Hambidge）著名的“动态对称性”观点的影响；同时，汉比杰所提出的某些艺术家“将设计看作一种纯粹本能的现代趋势”的批判，也在很大程度上给予提格以警示，提格开始逐渐构想工业设计师在整个人造物环境中的影响范围，而这一切都意味着顾问设计师的知识系统已非传统的设计师和手工艺人所能够满足的了。

在两次大战期间，随着美国设计师事务所的规模的迅速壮大（由最初包括了会计师和制图员在内的两三人逐渐发展出了能够雇佣上百人的设计机构），顾问设计师的角色也逐渐清晰起来。顾问设计师的出现要比早期只专注于某一企业或某一类产品开发的“驻厂设计师”更加具有先进性。顾问设计师通过在多个行业领域里的穿梭以及与相关部门的合作，使自身的知识系统得到极大的扩展，一种主动的思维方法确保了新的职业设计师能够对大范围的工业和设计领域进行观察，从而形成了一种与传统注重外表装饰的设计形态迥然不同的设计理念。作为一种独立的学科和职业，现代工业设计师必须在掌握专业技能和文化背景的同时，还需要一种进入商业化的敏锐感觉。只有当这三方面有机地结合起来时，设计师才有资格完成他的创造性工作。此外，顾问设计师作为美国商业体系所产生的内在组成部分，使各类资源也得到了整合，设计流程变得更加快捷与有效，这都大大扩展了物品购买和出售时的商业环境的面貌。

当然，在此过程当中，也出现过认识上的偏差。在试图证明“设计师必须依附于生存的环境，而不应该为设计变化赋予太多的个人信念”的观点时，历史学家阿德里安·福蒂（Adrian Forty）采用的是对雷蒙德·罗维重新设计的Lucky Strike香烟包装所做的分析。他声称设计师的决定，即改变包装的颜色（由绿色变成白色），并不是一个出于个人喜好的孤独的创作行为，而是反映了一个时代对卫生及清洁的困扰。[28] 显然，这种承认文化背景的论点得到了更多机构的认同，所引起的反应大大超过了案例的本身。这一观点批驳了被某些设计师高估了的自我成就，从而能够引导他们更好地站在一个更加广阔的综合图景中理解自己的角色定位。

从历史的角度看，顾问设计师参与了早期商业中的逐利行为，在以促进销售为目的的角逐中表现出相当的盲目性，这样必然造成设计的浪费，进一步说，是资源的浪费。但是，在最早的一批顾问设计师中，我们看到的更多的是他们对改善人类生活品质所做出的尝试，他们的努力带给我们一些在20世纪最令人难忘的影像——今天看来已经成为一种经典。而像福蒂这样拷问并质疑经典的批评家，无论以一种多么敌对的态度，也都将成为历史上的一个经典片段——恰如库切所言，“只要经典娇弱到自己不能抵挡攻击，它就永远不可能证明自己是经典”[29]。批评者的质疑大大延展了对设计师角色的挖掘深度——只有精英设计师恢复到普通人的状态时，对自我的评判才会更为真实。当设计师、制造商和消费者彼此之间通过设计物品这一单一的线索串联在一起，并且彼此到达某种想象的一致性，此时设计师的自我身份才能够得以最大限度的确证。

28 Adrian Forty, *Objects of Desire, London*, Thames & Hudson Ltd, 1986, p243.
29 ［南非］J. M. 库切（2003年诺贝尔文学奖得主）:《陌生的海岸》（文学评论集），2001年。

设计师的背景差异

从欧洲大陆到美洲大陆，虽然彼此间的设计发展脉络有一种潜在的历史关联性，但是，由于不同国家的政治体制、历史传统和经济发展状况，还是决定了现代工业设计师在 20 世纪上半叶错综复杂的形成状态。这其中既有实践经验上的相互依托与呼应，也有观念认识上的彼此背离与冲突。

欧洲作为工业革命的发源地，最早感受到了机械化生产在社会组织方式和产品创造方式上的变化。当我们回顾 19 世纪后半叶欧洲大陆的设计状况时却发现，新型历史条件下探索产品设计的开路先锋多来自当时的建筑界，譬如英国的威廉·莫里斯，苏格兰的查理斯·瑞勒·麦金塔什，比利时的亨利·凡·德·威尔德、埃内尔·萨里宁……他们之所以成为欧洲早期工业产品设计领域的决定性力量，与建筑在人们生活起居中的重要地位、所涉及领域的庞杂性（往往使建筑设计师可以接触到更多的思想观念与物质材料）有关系。为了秉承将“设计作为一个整体（源自‘Gesamtkunstwerk’即艺术的整体观）”[30] 的这样一种创作态度，在设计流程的末端，建筑设计师通常对建筑物内部由“家具造型”和“日用品装饰”所组成的日常环境十分重视，因此，他们总想要找到与自己建筑作品环境相匹配的产品和家具。然而，当时的市场状况却使他们无法找到合意的产品，为了弥补这种缺憾，建筑师们决定亲自操刀设计他们所想要的东西——从窗帘、壁纸、餐具到桌椅，从而促使建筑师的工作范畴延伸到装饰艺术和产品设计领域成为了一种历史必然——一方面，这既是一个时代对新的生活品质的一种内在的需求；另一方面，从设计的相通性来看，这也是建筑师创作领域的一种自然拓展。

建筑设计的背景使欧洲产品设计师从所持有的哲学认识、知识体系和价值判定上都显现出理性、思辨的特征。在 20 世纪初至中叶的欧洲大地上，一种注重内部功能、强调结构逻辑表现、去除繁琐虚饰的“功能主义”的设计思想蔚然成风，既出现了俄国构成主义、荷兰风格派、机械美学等试图直击机械时代核心要害的设计理论思想，也出现了像包豪斯这样将探索及传播产品“实际功

30 Penny Sparke, *Design and Culture*, London: Routledge, 2004 Secongd Edition, p58.

能的视觉化”为己任的伟大创意和教育机构。从欧洲设计的代表，例如穆特修斯、格罗皮乌斯、密斯·凡·德·罗、勒·柯布西耶等人的探索中可以看到，他们基于现代建筑哲学和美学观念之下的设计实践构成了一种强有力的模式，被直接地运用到了以家具和日用品作为发端的现代工业产品的设计中——现代主义设计运动和“新建筑”运动一脉相通，许多建筑师设计的工业产品甚至比他们的建筑设计更负盛名。与此同时，由于许多设计师都同时担任着艺术设计教育的工作，因此他们的作品还透露出强烈的学院派风格，对现代设计的思考也怀有更多的人文关怀。

图 2–5　亨利·凡·德·威尔德设计了照片中的所有物品，包括他妻子穿的服装。

随着市场需求的不断扩大，建筑师和装饰艺术家逐渐开始不断切入新的制造行业，他们在扩大自身创作范围的同时，也享有了更多的社会成就。这种“跨界”的做法依然盛行至今——在一个相通的领域借由设计师的个人努力而能够将自己对美的理解传递给更多的消费者——建筑师的这种身份的转变从根本上看也是其心中具有理想主义色彩的写照。

而远在太平洋彼岸的美国，其设计运动从一开始就以一种与欧洲颇为不同的模式进行着。20 世纪开始的大量生产，特别在美国经由机械化和自动化而高度地向前推进。相对于在欧洲扩展的趋势——以理性主义为出发点，围绕着“功能”的角度来思考产品的发展与造型，美国却很早就从另一个角度总结出了他们对于工业产品的看法，那就是“设计要讨人喜欢”[31]。尽管早在 19 世纪 70 年代，美国建筑界的“芝加哥”学派就已经发出“形式追随功能”的呼吁，但是却未受到美国民众的广泛关注，而威廉·詹姆斯（William James）所倡导的“实用主义”思潮却在 20 世纪初的美国蔓延开来。

31 ［德］伯恩哈德·E. 布尔博克：《工业设计：产品造型的历史、理论及实务》，胡佑宗译，台北：亚太图书出版社，1996 年，第 122 页。

图 2-6 亨利·德雷夫斯设计的机车车头，美国工业化高速发展的象征。

对先验理论的摒弃决定了“实用主义者所主张的具体性与适当性，注重事实、行为和能力”[32]。把实际结果作为判断真理的经验工具的詹姆斯认为，世间无绝对真理，真理决定于实际效用，而且真理常随时代环境变迁而改变；适合于时代环境而有效用者，即是真理。在这种思想的引导下，市场成为牵动设计的“看不见的手”[33]，大批量生产成为设计师必须面对的现实境况，这在美国第一批工业设计师的设计行为中清晰可见——他们的设计项目包罗万象，所涉及的范围小至汽水瓶、电冰箱，大到机车车头、波音飞机——几乎涵盖了人们生活的方方面面，而这在欧洲设计师看来简直是无法想象的事情。在消费主义的商业驱动下，美国的设计师有意识地鼓励消费者“喜新厌旧”，而快速更替、翻新产品是设计师们必备的职业能力，这与欧洲设计师立足于产品的耐用、持久有着很大的区别。在 30 年代中后期于汽车行业中所引发的“有计划的废止制度”，正是美国式消费所凝结出的最典型的特征。

不同于欧洲设计师的建筑设计背景，美国设计师的个人背景大多成长于平面设计、插图、橱窗设计以及舞台设计等领域，基本上以一种与早期的艺术设计有直接关联的行业开始了他们的职业生涯。例如，提格在纽约最先从事广告牌的绘画并为邮购杂志绘制插图（客户中甚至包括著名的时尚杂志 *Vogue*），在三十岁左右时，提格将兴趣集中在了法国文化的研究，从他成为柯达公司的顾问设计后的相机设计当中就反映出其深受新古典主义形式的影响——因为它们的外观造型都带有强烈的装饰意味；另一位美国工业设计大师——雷蒙德·罗维在第一次世界大战后由法国来到美国时，最初

32 ［美］威廉·詹姆斯：《实用主义》，陈羽纶译，北京：商务印书馆，1979 年。
33 ［英］亚当·斯密：《道德情操论》，蒋自强译，北京：商务印书馆，1997 年。

也是为一些杂志和产品担当插图师，并在 20 年代被称为是美国“装饰艺术”最杰出的插画家；对现代电话的造型最具影响力的设计师亨利·德雷夫斯在与贝尔公司合作之前曾从事过舞台设计，后来经由舞台设计师诺曼·贝尔·格迪斯的介绍进入了美国的工业设计领域，他所发展出的对功能性的重视，使其成为最早把人机工程学引入设计中的设计师……综上所述，我们可以总结出以“销售”为目的的商业设计流程和设计师职业化的道路取决于已经发展的工业背景。当无数的“艺术家”在创造橱窗展示、描绘物品形象以及制造社会新闻效应时，其实已经开始对新材料和新技术的探索，而这正是现代产品设计的先决条件。并且，这些艺术家也是带着长期在实践中积累起来的思维习惯和审美倾向投入到后来的工业产品的设计中去的。诚然，商业实用主义和技术理性主义指导下的美国设计师普遍缺乏一种对于设计进行理论剖析和总结的能力，但是他们却擅长事先预期消费者对其设计作品的接受度，并列出目标以达到“改善产品外形”“争取服务的最大灵活性”以及“节约生产成本”的目的。他们注重每一项设计环节的研究——包括产品功能和结构元素、制造商的生产能力、销售方式和广告技巧等。与欧洲的设计师将自己视为“远离市场的人群”并且依照一套逐渐提升的理论规则来进行实践不同，美国的产品设计师和广告设计师将他们的生存视为由市场及其需求所决定的，因此他们也十分重视通过设计引导、培养顾客并与他们交流。美国设计师对待产品设计的态度成功地否定了那些认为设计师不能或是不愿强调商业需要和方式的看法。

欧美设计师在这种观点上的差异使我们再一次联想起 1914 年发生在德意志制造联盟内部的“科隆论战”，产品设计中“类型化”与“个性化”的这种冲突信号，可以视其为处于商业系统中的操作者和那些对物质文化的创造抱有更多理想主义观念的人（多数是建筑师）之间的矛盾，后者更为忽视市场的流行，并总是在寻求一种哲学意义上的普遍的解决方法。在两次世界大战之间，对工业的两个切入路径都是彼此公开竞争的——一方处于“改革的建筑”这一口号的保护之下，而另一方则公开拥抱物质文化的商业外表——二者从根本上反映着艺术价值与经济需求之间的不可兼容性。针对“肤浅”“浮夸”的批判，美国工业设计师也通过自己的大量实践试图证明标准化的设计可获得多种结果的可能性。作为一种必然结果，其职业化进程要明显快于欧洲，而欧洲出现类似于“顾问设计师”这样的职业角色已经是在第二次世界大战之后了。

从签名设计师到设计师品牌化

在人造物品上进行标记的初衷是为了让人们易于识别，并能够知道它们的来源。这种行为可以追溯到最早的人类造物行为。在古代中国、希腊和罗马等国的出土文物中都会发现这类标有某种记号的器物。中世纪的陶艺匠人、印刷工匠及金银匠等各种手工行业者，都拥有自己的标识。一方面，对制造者而言，标志形成了一种对物品质量的约束，因为谁都知道只有“好”的品质才能吸引到买主；另一方面，当购买者在寻找有特别标记的物品时，则反映出对其品质的信任，意味着他们会进一步忠于个别匠人。于是标识成为某一特殊商品的符号，手工艺人不断地对其产品进行完善和有意识地强化标识的概念，以证明自己是某种高尚品质和独特风格的创造者和拥有者。逐渐地，消费者不用看到具体的产品，而是通过标识就能够对其品种、造型、功用、价值等诸多方面产生联想和判断——制作者所想要暗示的东西在消费者心中得以还原。

17 世纪以后，为了克服使用材料特性带来的有机变化的不稳定性，也为了避免由于工人不懈地寻求个人角度的生产方式而造成的产品之间的差异，产品标准化成为一种必然的趋势，劳动分工原则被逐步建立起来了。[34] 不同的工序由不同的人来承担，一方面使劳动效率大大提高，同时，也使得产品从此无法被界定为是“某一个人”的作品。随着工业革命的到来，机器的加入更加模糊了产品“制造者”归属权的问题——在流水线中，我们无从得知产品的生产者是谁。另一方面，脱胎于传统手工业的近代制造业中还保留了大量守旧的思想与习俗，以往各种“行会”对手工艺人的生产管理也使得“个人”总是隐藏在某个组织机构的后面而不得重视，在这样的历史延续下，有关制作者的

34 ［英］爱德华·卢西·史密斯：《世界工艺史》，朱淳译，陈平校，杭州：浙江美术出版社，1993 年，第 162—163 页。

信息被制造工厂或公司的名号所覆盖，也被大众认作是理所当然的事。20 世纪初，随着工业化进程的深入和消费市场的迅速扩张，设计成为产品品质的决定要素。无论对制造商、设计师或是消费者而言，一方面，规范产品的标准化已然成为公众认可的事实；另一方面，人们也意识到维护或重新注入某种程度的“个性化”变得极为重要。然而，实践经验告诉人们，只有当设计和制作分离时，设计才开始作为一种精神主导活动逐渐显现其自身的存在性，而设计师是“产品缔造者”的身份才能够得到认可，这同时也预示着在设计师给出的概念指导下实际“做”产品的人将退居次要的位置上。经过市场跌宕起伏的洗涤考验，许多设计师敏锐地意识到市场上的消费口味已呈多样化的趋势，而此时，他们从知识储备和操作经验上也已经能够运用“设计”这一利器，来达成与消费者和制造商之间的某种价值认同了。于是新的“签名设计师”开始逐渐显露。这样的举措最早出现在 A. E. Gray 公司所推出的，标有“苏丝·库珀设计”(Designed by Susie Cooper) 的陶瓷制品上面。由此，女性设计师苏丝·库珀 (Susie Cooper)[35] 在 20 世纪 30 年代引领了设计师在作品上签名的流行趋势。

虽然“签名设计师”已经开始出现，但是许多设计师对这一做法还有着相当程度的保留——我们会发现，可口可乐瓶上并没有看到镌刻有雷蒙德·罗维的签名；纽约中心铁路的赫德森机车上也没有德雷夫斯的名字；当我们乘坐波音飞机时，在机舱的任何角落既看不到沃尔特·多温·提格的签名，也未见格罗皮乌斯把他的名字书写在建筑的墙上……这些设计师之所以没有像同一时期陶瓷业里的那些制造者一样通过“打印标记”来使自己在消费者心目当中与产品发生关联，这其中的原因是深刻而复杂的。

首先，产品的类型决定了设计师在其中的参与形式。由于在工业革命中致富的阶级往往将财富享乐与那些艺术特征强烈的手工制奢侈品联系在一起，因此，为了能够与层出不穷的新型工业产品进行对抗，“努力地显示出历史影响的痕迹”成为某些传统型行业 (例如陶瓷、玻璃器皿和金银器等) 的一种经营手段，铭记标志的传统也被这些领域中的设计师继承下来。而与之相比，批量

35　苏丝·库珀 (1902—1995)，英国陶艺设计师。

化重复生产的工业产品所强调的却是产品的“快速更替”，从而缺乏一种“保持产品稳定性”的原动力。因此，从本质上看，新的“签名设计师”与传统的手工艺匠人在其作品上进行标识一样，都是为了识别所销售的产品和服务，并且使其与竞争的产品和服务区别开来——只不过是在新的历史条件下标注者个人的身份已经悄然发生了变化。其次，产品的普及和信息的流通已经足以在设计师和消费者之间建立起联系。以美国顾问设计师为例，大量的设计实践使他们成为 20 世纪二三十年代的活跃分子，设计师个人的名字随着众多的工业产品和媒体宣传而为人们熟知。通过对产品的使用，大众了解到这些设计师在技术、天赋、态度等方面的特征。在个人自我技术完善过程中，设计师获得了良好的声誉——实际上他们的名字已不再是一种个人身份，而是在社会化的关系表达规律中已经被品牌化，并成为某种价值转化的关联。设计师的品牌化成为新的概念，设计师本人已成为一个标识、一个符号和一个定义明确的形象，从而无须以一种签名的方式来证明自身。大到飞机造型的推广，小至对一块饼干的设计，都是新的“签名设计师”的权力和策略，这将立即为这些人造物注入“附加值”。当做进一步考察时，我们发现美国的顾问设计师作为品牌的发起人，其大部分工作集中于某一种专门的“再设计”项目。保守的市场对他们的工作而言是一种冒险，但是他们以实用主义作为导向，从而创造出许多现代主义的商业神话——这证明他们着眼于未来，而并非如某些人所批评的那样“是毫无价值的思考”。在这一过程中，当时的媒体也发挥了举足轻重的宣传作用。以《时代》和《生活》杂志为风向标的最有影响力的媒体都多次赞美了他们的工作，将他们打造成为名人的力度可以说较之好莱坞明星也有过之而无不及——雷蒙德·罗维登上了《时代》杂志的封面就反映出当时设计师在普通大众心目中崇高的地位。最后，设计师本人也有意识地以商业模式来打造个人的形象。作为个人，名人身份无疑对设计师很是重要，对于雇佣他们的制造商来说更是至关重要。设计师事实上成为了品牌的实体，他们的名字被用来作为一种产品认可的形式。在此背景下，签名成为自己的广告，“名人”设计师的姓名被描述为现代性的参与者，是追求让所有人羡慕的现代生活方式的楷模——这将非常有利于进一步强化其产品的“附加值”。最知名的美国的顾问设计师——诺曼·贝尔·格迪斯，雷蒙德·罗维、沃尔特·多温·提格和亨利·德雷夫斯都曾经努力地营造他们事业中的个人声誉，他们在公众中间不断强化自己作为“理想的现代主义者”的这一概念，并且，他们还以将自己与现代欧洲建筑传统连接起来作为一种手段以充实他们的商业背景，而事实上这也正是他们所存在的理由。综上所述，“签名”的行为只是一小部分设计师出于历史或个人主义的原因而采取的一种形式主义意味很强的举动，而一种无形的、意义更加深远的“签名”在更加广泛的社会领域中悄然上演了——那就是设计师的品牌化。

“品牌化”这一现象已经被提供了大量的社会文化解释，但最有说服力的论据表明，它代表了消费者发展某种程度的身份的需要。人们通过消费，商品的内在价值联合个人的审美判断所反映出来的高层次的品位将暗示某种社会地位。消费者与其说是在购买外在的、可感知的产品，不如说是对品牌所具有的内在的、无形的等级身份的消费，看不见的品牌层级与消费者实际身份在购买行为中达成了某种两极相通的契约。回顾定制传统手工艺品的过程，那又何尝不是一种考察设计师个人品牌的行为呢？我们看到，对于消费者而言，凡是具有品牌属性的物品都已不只满足于物品的功能性，而是更注重品牌的名望、独特性和时尚感。正如丹尼尔·布尔斯坦（Daniel Boorstein）[36] 所说的那样——品牌化的产品能够帮助人们认识自我，并借助它们向别人传达这种最自我的认知。品牌对于消费者而言起到的是过去的兄弟关系、宗教及服务机构的作用。设计师的“品牌化”建立在设计师职业化过程的基础上。到 1939 年，为产业服务的职业化设计师已明确出现了——尽管仍然存着在一些“伪装”，并且也并没有被如此命名。但或许更重要的是，第一次普遍显现了“设计师文化”（即设计师融入他们最本质的现代主义精神中的观念）以及来自因为被称为“艺术家”而能够提供的附加值。设计师品牌化的仪式在设计师和消费者的共同参与下，呈现出一种新的历史经验，各自在其中分享对仪式的想象。设计师因为拥有改变社会面貌的能力而成为神话人物，艺术技巧和特权地位使他们成为一种特定的文化角色；同时，他们也是产业中“真正能够推波助澜”的角色。他们确保行业的产品能够满足消费者的需要和愿望，从而为生产和消费

36　丹尼尔·布尔斯坦是二战后崛起的美国“和谐”（Consensus）派史学的杰出代表。

世界架起桥梁；更重要的是，要确保他们最直接的服务对象——制造商能够继续经营下去。设计师以他们的名字来促销货物，只是在这一进程中，他们自身也被消耗了。

与大公司的合作

产品的制造者与消费者似乎一直都在不懈地寻找对设计价值的共同认识，然而，实际状况是否果真如此呢？是不是仅仅只有设计师自己才认可设计的价值呢？因为从表面看来，与设计直接发生关系的大多数生产机构所表现出来的是：它们能够进行自我指涉，在建立和保持一种“文化”形式的同时，能够在商业上争取成功。面对企业家总是被视作推动生产力前进的全权代表，而负责产品造型、风格的设计师的名字却无人问津这一社会现状，设计师们迫切需要找到一条途径以验证自身在新的产业结构里和劳动关系中的价值，从而向全社会发出自己的声音。

以德意志制造联盟和包豪斯设计学院的成立为起点，处在工业发展中期阶段的欧洲设计师开始了对现代主义设计的探索与试验。这种探索和试验由于时常带有浓厚的学术意味和知识分子的理想主义成分，导致许多设计师在面对批量生产和个人表现时，其设计立场总是处于一种游移不定的状态——无论从设计思维，还是设计手段上，都难以跟上日趋兴盛的消费市场的需要。以格罗皮乌斯为例，他曾于 20 世纪 20 年代初期尝试设计现代家具、墙纸、柴油机车车头、火车内部装饰等，但几乎没有一件设计能被企业接受并投入批量生产。或许也正是这种挫折使他后来在任包豪斯校长期间，开创性地建立起学校与工业、企业界的联系，使设计直接服务于工业生产部门。这一模式的建立对以后的设计师在社会生产中的自我定位产生了深远的影响。与此相比，为企业服务的工业设计运动在美国设计师那里却显得顺理成章。20 世纪 20 年代在美国已经形成一定规模的设计顾问模型，很快便把自己塑造成为一个典范，他们为某一企业不断打造新型产品的方式为其他国家所效仿。因此，尽管直到 20 世纪 30 年代中期，美国还没有形成能够与德国、俄国相提并论的现代主义设计运动，但是凭借着在第一次世界大战中迅速壮大起来的经济实力和市场竞争机制，美国设计师的商业价值得到了社会的普遍承认；加之企业间“大吞小，强并弱”的自身发展规律，也使得少数大公司开始在设计和生产的潮流当中发挥决定性的作用。这一趋势被设计师敏感地捕捉，从而也更加清晰地确定了自己所要服务的对象。因此，美国设计师反而更早地开始了与大企业合作的进程。

与此同时，面对越来越多的市场需求，负责组织生产的一方——各种企业也愈来愈感到设计在产品销售中的重要性，因此他们也积极地向设计师发出了呼唤。最为显著的特征是许多传统的装饰艺术产业开始聘请顾问设计师参与产品的设计、生产。我们可以看到，新西兰建筑师基思·默里（Keith Murray）为被封为“皇后御用陶器”的英国 Wedgwood 瓷器品牌创造了一系列引人注目的陶瓷作品，同时他还为史蒂文斯和威廉姆斯公司设计创作雕花玻璃产品。此外，毕业于德国包豪斯学校的马歇尔·布鲁尔（Marcel Breuer）在 30 年代包豪斯被纳粹关闭后来到英国，受聘于家具制造公司 Isokon，从而成为最早将现代设计概念引入英国的设计师；玻璃设计师葛兰·霍格尔（Gran Hongell）与芬兰的卡勒胡拉－伊塔拉（Karhula-Iittala）公司合作创作出了以简洁、典雅而著称的“Aarne”现代玻璃制品系列；而平面设计师威廉·卡基（Wilhelm Kage）使瑞典古斯塔夫陶瓷公司的产品实现了现代化；曾经在包豪斯金属车间学习的威廉·华根菲尔德（Wilhelm Wagenfeld）与多家玻璃及金属制造商合作……由于当时的这些设计师多出身于建筑专业，因此他们的工作秉承了一种受德国“机器美学”影响下的“现代”风格，或是受法国装饰艺术影响的“近代”风格而开展的。

在早期的设计师和企业的联姻过程当中，的确暴露出了一些问题。一方面，就像哈罗德·范·多伦（Harold Van Doren）所说的那样，在 20 世纪 40 年代之前，由于工业设计只是处于萌芽状态，设计师在产业中的位置还不确定，因此多数的制造商对于设计师的安排也没有多少经验。[37] 一些公司虽然已经意识到从“吸引人的视觉关注”方面来看他们的产品还有许多有待改进之处，但是能否从一种已有的或是知之甚少的产品和服务中获得利益，是企业主们普遍感

37 Harold Van Doren, *Industrial Design*, New York Toronto London, McGraw-Hill Book Company, 1954 Second Edition, p19.

到困惑的问题。对设计师在生产过程中所发挥作用的模糊认识使他们在具体实践中往往持有一种半信半疑的心理，从而也给设计师的工作价值造成了一种盲目的遮蔽。另一方面，多以“个人”面目出现的设计师，在与大公司合作的过程当中存在着一种不对称性结构要素，因此常处在被动的位置上。他们与公司的冲突集中体现在个人知识系统与公司目标的矛盾性。因此在双方之间，谁第一个做出承诺，或是说进入到对方的领域中，必然会实现一种新的自我技术的改造，从而在双方的协作中占据主导位置。

尽管如此，这些最初的探索者——既有设计师也有制造商，通过发展新技术和积累销售经验使彼此在默契方面有了相当程度的提高。公司的执行者通过教育，已经能够将设计视作销售规划过程中的一个重要组成部分，并且给予相当重要的一部分资金额度分配。以提格为例，除了为柯达公司成功地设计出两款经典大众新型照相机“名利”与“班腾”以外，他合作的企业还有：杜邦公司、福特公司、美国钢铁公司、美国书籍推销公司、德士古石油公司等。提格与他的副手弗兰克·德·吉乌迪斯在为波音公司开发 707 机舱设计时，做了一个与实物一样大小的实体模型，反复进行“仿真飞行”，对座椅、厨房和其他方面进行人体工学的严格试验。他们采用塑料嵌板、槽灯、齐头的高背座椅、一体化的旅客服务设施以及一套协调而宁静的色彩方案，在航空公司还不太正规的情况下，却为他们建立了一套完善的基本设计策略。尽管用于开发设计的费用巨大，但是波音 707 型飞机由于聘请到几名重要设计师为其做舱内设计，因此引来数家航空公司争相采购。提格在与这些大公司的合作中，总是坚持与这些公司的工程人员密切配合，并且坚持从技术的角度来处理造型，他的工作方式使他成为深受企业喜爱和尊敬的工业设计师，也对后来的设计师起到了楷模的作用。

大企业在国民生活中的举足轻重的影响也将设计师的审美品位渗透到了社会的各个角落，使大众逐渐培养出一种“式样意识”，从某种程度上说是替代了一部分艺术所具有的教化功能。对顾问设计师来讲，与大公司的合作无疑充满了挑战，从收音机到高速公路，他们所涉及的类型之多确实让人惊叹，因此也必须不断地优化自己的知识系统。第二次世界大战以后，随着工业设计繁荣阶段的到来，作为能够为公司引导出积极的战略利益的设计师的地位进一步得到提升，设计也已经拓展到了更加广阔的产品范围。随着设计师责任的扩大，作为一个必然结果，设计的权限也已经被拓宽了。在许多大机构里，设计师被委任以越来越大的责任，不仅负责组织设计产品类型，同时还对各方面关系进行疏导和协调，有时甚至还要扮演“仲裁者”的角色。在 1945 年以后的数年，世界各国的设计师和设计组织以他们不同的方式，延展了美国在两次世界大战期间已经制定的商业设计顾问公司职业化的模型——从某种意义上说，设计模型的输出也构成了美国文化帝国主义的战略之一。

本章小结

20 世纪早期，以帕森斯（Talcott Parsons）为代表的“功能学派”（Functional School）认为，职业在现代社会中已经逐渐取代国家与资本主义经济而成为社会结构的最重要组成部分，其重要意义在于“以知识服务于权力”（Bring knowledge in the service of power）[38]。学术职业（Academic Profession）将现代社会的知识制度化，而法律与医学则是将这些知识应用于实践的两个关键性职业，其他职业对学术知识的应用都可以在法律与医学的应用里找到源头[39]。“在英美文化里，被称为‘职业’的社会群体往往具有很高的社会地位”[40]，1834 年，“英国建筑史学会”的成立使得设计师职业化的过程不可避免地开始了。整个职业化的过程让建筑师不仅受到法律的保护，而且成为受到社会尊敬的精英阶层——这在很大程度上影响到了后来工业设计师的阶级划分和社会定位。

当我们对设计师职业化的形成做历史梳理时，会发觉，“设计”在知识方面的界定仍然是一个棘手的问题。如果设计是一个不断变化的活动，我们又如何能够对一个没有固定身份的事物去建构一个知识的主体呢？因此，作为设计师，必须首先对自己所从事行业中的“变数”进行充分的了解和掌握，以便在由“错综复杂的社会生活”和“稍纵即逝的光阴”所组成的坐标轴中找自己的准确位置。其次，由于设计师在整个创作过程中都是在场的，他们是目击者、制造者，更是这一事端的发起者，因此设计师的职业生涯中总是充满了个人对历史机遇的一种把握和想象，对某种共同信仰的执着逐渐以一种知识的形式得以立足，最终落实在了他们的设计对象上面。最后，我们想强调的是设计师职业发展与商业发展的一种共生关系。

在现实生活中，设计师常常身兼数职——他们既是设计师也是教育家，甚至有更多的身份混合在一个人身上，但可以肯定的是角色的转换始终是围绕

38 刘思达：《分化的律师业与职业主义的建构》，载于《中外法学》，2005 年第 4 期，总第 100 期。
39 同上。
40 同上。

“设计”来开展的。例如作为德意志制造联盟奠基人之一的贝伦斯，就经历了从“杜塞尔多夫应用美术学校教师”到“德国通用电气公司的艺术顾问”的完美转型。在一种强烈的社会责任感的驱使下，贝伦斯通过团体的影响力和号召力坚持为提高公众的品位而设计，并努力提升整个民族的审美水平。设计师这一职业得以在工业化的进程中有效地被确立起来，正是和这一批思想激进、抱负远大的设计先驱密不可分。

本章以较大篇幅所讨论的设计师在整个设计的发展史中由隐讳而明朗，逐渐呈现于公众视野中的职业进程，还仅仅是这一团体向现代生活迈出的第一步。当我们以由“组织、商业和社会”构成的OBS框架体系去看待他们时，会发现某些新的关系和秩序一一浮现出来。可以肯定的是，在新的历史条件下和新的科学技术发展阶段，关于这一人群的诸多方面还未得到进一步的揭示，而这，也将是本书所要努力探讨的方向。

第三章

商业系统中的职业设计师：雷蒙德·罗维个案考察

在前一章中，通过对设计师职业化历史演进的回顾与分析，勾画出了设计师职业化的宏观轮廓，从最初一批有识之士对自身所从事职业的理解，加上外部环境变化的作用，决定了设计师必然走向职业化的道路，这是一个从无到有、从模糊到清晰的过程，呈现出的是一种群体普遍性的心灵归宿，是一种集体的话语。作为“职业的”设计师，它是一个全面受到组织、商业系统、商业成就和社会评价等综合考察的职业，正是在这个层面上，“职业的”设计师将不同于那些手工作坊的手艺人，也不同于艺术家，它的职业发展策略受到更多的外部因素的影响，其中创造性和商业性之间的平衡是决定一个“职业的”设计师能否获得认同的重要条件。

本章将选取在 20 世纪 30 年代至 70 年代的现代商业系统中最成功的职业设计师雷蒙德·罗维进行个案考察，分析现代商业系统中的职业设计师发展所需要具备的能力，以及他之所以成功的关键因素和核心问题，等等。至于为什么选择雷蒙德·罗维，理由有三：一、现代设计史对于罗维的定位和评价，他被看作是美国工业设计师之父。二、他的专业发展设计包含小到曲别针，大到航天飞机的几乎所有产品门类，这体现了他个人超强的专业能力。三、他极为成功与有效地把自己的“创造性”和现代商业系统相结合，既成就了自我的个人实现和公众认同，又产生了巨大的商业成功。

图 3-1 雷蒙德·罗维从时装插画开始了设计生涯，这期间对时尚气息的敏锐把握，也使他的设计充满了现代感。

精益求精：雷蒙德·罗维的职业设计师生涯

法裔美国设计师雷蒙德·罗维（1893—1986）是公认的工业设计界传奇人物，他推动并形成了今天深入人心的大众消费文化与永无休止的产品换代。罗维的职业生涯可谓多姿多彩，其设计囊括了人类生活在地球上的方方面面——小到牙签的包装，大到火车机车头。从 1967 年开始，为美国航天局（NASA）设计的太空实验室和地球返回舱更是让他的设计触角延伸到了非同寻常的外太空。本杰明·罗切奥在评论中称，“他确实改变了美国现代生活的面貌和感觉，他改造大批量生产的物品，使它们看起来更具吸引力，从而能够更好地被销售出去”。[1] 在这里，我试着将罗维的职业设计生涯分为三个阶段来加以评述，通过其创造力在不同阶段里的表现，我们可以观察到起源于个人思考的“聪明的创意”如何通过“辛苦、有组织、有目标的工作”，最终形成可以“再现、传授和学习”的创新行为。[2] 与此同时，这样的分段研究也揭示了当设计师在服务于一个超越自己之上的整体——消费市场的时候，其个人与这一商业系统之间所形成的稳定的依赖关系（即以市场为导向展开的创新活动），以及多样化的互动形式（即设计师的“在场”与“隐匿”）。

第一阶段（1919—1928）：时装插画师——现代主义样式的探索

20 世纪 20 年代，当“大多数从艺术学校出来的设计师

---

1 http://www.nytimes.com/2007/04/22

2 ［美］彼得·德鲁克：《创新与企业家精神》，蔡文燕译，北京：机械工业出版社，2007 年，第 118 页。

强调手工艺，作品趋向于一种新艺术运动和工艺美术运动的回顾”[3] 的时候，或许与其机械工程专业的学历背景有些关系，罗维的作品所展现出来的机械装饰风格（Machine Deco）既不同于此，也与法国的装饰艺术运动（Art Deco）有所区别。

初到纽约之后，经由在旅途中偶然相识的亨利·阿姆斯特朗爵士（Sir Henry Armstrong）[4] 的引荐，罗维获得了由瓦纳马克（Wanamaker）和孔德（Conde）所提供的机会，进入了时装插画领域，他那特殊的现代绘画风格很快就得到了许多出版商的青睐。1924 年，罗维遇到了掌管《芭莎》杂志（*Harper' s Bazaar*）的亨利·谢尔（Henry Sell），他将罗维介绍给了当时年轻的时尚编辑卢切蕾·布坎南（Lucille Buchanan）。这期间，布坎南对他的影响是巨大的，使他从一个初来乍到的异乡人逐渐转变成了一个熟悉甚至热爱美国的融入者。罗维非常珍视这段友谊，认为“布坎南小姐是我一生中遇见过的少数几个天生富有一种绝对纯粹的品位和敏锐的样式感的人之一”。[5] 经历了十年的磨砺，罗维在商业插图方面取得了成功。他那充满热情、感性的时尚题材的绘画是装饰艺术时期的典型风格。我们需要注意的是，“现代主义的设计方法是逐步形成的，它基于以下几个方面的发展：书籍装帧设计、时装和商业杂志设计以及丰富的、先进而全面的平面设计”。[6] 因此，作为这一进程的参与者，罗维无疑是现代主义早期最优秀的视觉形象创造者之一。

1927 年的一天，与贺瑞斯·萨克斯（Horace Saks）的碰面将在罗维的设计生涯中画出精彩的一笔[7]。此前，罗维与位于 34 街的萨克斯百货公司已经有了长期的合作——他负责为其提供商业插图和广告方面的事宜。当贺瑞斯·萨克斯决定增开位于第五大道的萨克斯百货公司（Saks Fifth Avenue）时，罗维

---

3 Edited by Jocelyn de Noblet, *Industrial Design Reflection of a Century*, Paris: Flammarion, 1993, p184.

4 亨利·阿姆斯特朗爵士时任英国驻纽约领事。

5 Raymond Loewy, *Never Leave Well Enough Alone*, The Johns Hopkins University Press, 2002, p61.

6 Philip. B. Meggs, *A history of Graphic Design*, New York: Van Norstrand Reinhold, 1991, p312.

7 罗维的记忆有些不确定，从史料上看，Saks Fifth Avenue 的开业时间是在 1924 年的 9 月 15 日。http://www.referenceforbusiness.com/history2/97/Saks-Holdings-Inc.html

成为了他的规划顾问。他们在一起构想未来，设计细节，其中包括对整个店铺氛围的营造，对所有雇员的挑选以及对员工整洁、自然外表和谦恭仪态的规定，商品的包装纸、纸板箱和纸袋的设计，等等，甚至还为员工设计了制服以获得一种统一感。罗维和萨克斯“发展出一种新的商店哲学”[8]的理想很快就得到了反馈，这种新型的百货公司形象很快就在全美各地被纷纷加以效仿。对这一项目的参与，使得罗维的创造力已经不再局限于平面造型艺术的范围，更多地是从企业策略、组织、沟通等方面进行了个人的突破。

在这一阶段中，罗维的职业身份虽然是一位时装插画师，但是由于那时候时装画所表现的主题多涉及城市中产阶级审美趣味的生活图景，因此成为厂商推销食品、烟酒、日用品、汽车等工业产品的重要平面广告媒介，而罗维也以开放性的绘画选题和出色的绘画技能，从而逐渐走近了那些工业客户。他在了解制造商所面临的问题的同时，也开始关注消费者的期望、价值观和需求，他渐渐意识到，一个潜在的、巨大的产品设计的市场正有待他去开发，于是，一个关于个人的创新的机遇就这样到来了！罗维的这一认识使他最终没有沿着时装插画师的发展道路继续走下去，但是他这样的职业轨迹恰恰符合了日后人们总结的“创新活动获取成功所必备的前提条件”之一——那就是，要从细微之处做起。可以想象，罗维在最初以“业余”角色介入的工业设计项目都是一些并非宏大，但非常具体的产品对象，而正是这些规模小、资金少的项目使他能够在当时的条件下灵活机动地进行研制，并且能够切实地寻找解决问题的途径。这种从“小”做起的方式可以说于无形中增长了罗维转变成为一个设计师的信心——他的目标都没有因为过于宏大而沦为空谈，他的创作活动始终以“务实”的姿态展开，包括他在日后所长期奉行的“以模型为蓝本”的工作方式也得益于这一阶段的体验与思考。通过对一些商业设计项目的参与，罗维同时也增添了关于自我推销和进行自我宣传方面的能力——尤其在如何通过情绪以及合乎逻辑的手段吸引消费者方面，他似乎已经显得颇有心得了。

8 Raymond Loewy, *Never Leave Well Enough Alone*, The Johns Hopkins University Press, 2002, p66.

第二阶段（1929—1948）：工业设计师——转型与积累

初到美国时，罗维就曾经发出过“这些产品和用具为何如此笨拙”[9]的感慨。一个清楚的事实是，自 19 世纪中叶开始的工业革命使手工艺人逐渐退出了历史舞台，工程师成为一个新时代的新角色，“最初的机械产品是由具有独创性并且足智多谋的工程师装配的，制造这些装置——无论是咖啡研磨机、起重机或是蒸汽机——他们首先关注是，它的效用如何？”[10]当时的现状是，工程师接受了“所有方面的训练，除了美”。[11]这个问题在当时显然还没有引起太多人的关注——大批量的生产使这个国家充斥着大量的商品，尽管它们具备了较高的质量水准，但是却被粗陋地拼装在一起，因此外观上非常缺乏吸引力，这样的生产模式无疑既消耗劳力又浪费材料。

基于与生俱来的非凡的审美判断力，加上自幼对机械装置的迷恋，罗维一直在寻找合适的机会来对他眼中那些丑陋的、不和谐的产品进行一次彻底的改造。

1927 年前后，美国经济出现衰退的迹象，这种经济衰退以 1929 年的华尔街股票市场的崩盘达到顶点，越来越多的中小企业由于市场竞争的落败而破产，“新美国节奏”[12]随之停顿了下来，美国进入一个空前的经济大萧条时期。危机持续了三年之久，直到 1933 年，在“罗斯福新政”的推行之下才促进了社会生产力的恢复。在危机期间，许多有前瞻性的企业家意识到，大规模的生产需要有一个巨大的消费市场与之相匹配，而设计师在这一方面将会有所作为，工业设计因此“是作为一种工具用以克服其自身产业中的竞争”[13]而登上历史舞台的，换言之，经济危机导致了美国现代设计的发轫。于是，以罗维代表的早期工业设计师纷纷组建自己的独立设计公司，根据客户的要求从事工业产品、包装、企业标志和企业形象等方面的设计，这些私人设计公司往往与大企业

---

9 Raymond Loewy, *Never Leave Well Enough Alone*, The Johns Hopkins University Press, 2002, p11.

10 同上。

11 同上。

12 Robert R. Updegraff, *The New American Tempo*, Chicago: A. W. Shaw Company, 1929.

13 Edited by Jocelyn de Noblet, *Industrial Design Reflection of a Century*, Paris: Flammarion, 1993, p184.

图 3-2 基士得耶复印机（未经罗维改良的设计），罗维对其的改良设计被看作是“工业设计在美国的第一个例子”。

有着长期的合作关系，形成了活跃的设计市场活动。与罗维有着同样抱负的还包括了沃尔特·多温·提格，亨利·德雷夫斯等人在内的一批工业设计先驱，他们共同促成了 20 世纪 20 年代后期“工业设计顾问”这一新职业的出现，他们本人也成为美国的第一代工业设计师。

罗维于 1927 年[14]设计的基士得耶（Gestetner）复印机可以被视作他进入工业设计领域的开山之作。在那之前的基士得耶复印机是典型的未经现代设计浸淫的工业产品——因为它丝毫不考虑任何造型问题，四个扩张出来的圆管脚架甚至存在着绊倒工作人员的安全隐患。

而罗维大刀阔斧地摈弃了这些粗笨的构造，从而为这个三十年来没有任何明显变化的产品注入了新的活力。为此，制造商连续十五年付给罗维一定的费用，以保证他在此期间不会给任何竞争对手提供同类的产品设计。在工业设计被理解成为一种有意识活动之前，罗维的这项设计被看作是“工业设计在美国的第一个例子”。[15]

美国工业革命的一个重要象征就是汽车工业的迅猛发展。为了适应这一巨大的市场需求，美国的汽车制造业纷纷成立了汽车外形设计部门，雇用专业的造型设计师，形成了最早的企业内部设计机构。其中，通用汽车公司的艺术与色彩部门当数最早的内部设计组织，是在阿尔弗雷德·斯隆看到哈利·厄尔设计的“La Salle”汽车后，于 1927 年创建的。[16]以顾问设计师身份出现的罗维同样成为最早的一批涉猎汽车设计领域的设计师，他与琥珀汽车公司[17]签订的设计合同甚至可以“被看作工业设计作为一种合法职业的开

14 有些文献记载的日期为 1929 年。

15 Loewy, Raymond Fernand, *Industrial Design*, New York: The Overlook Press, 1979, p60.

16 ［美］瑞兹曼：《现代设计史》，［澳］王栩宁等译，北京：中国人民大学出版社，2007 年，第 334 页。

17 1909 年至 1940 年建立于密歇根州底特律的汽车公司。

始”。[18]1932 年，他设计的“Hupmobile”型汽车标志着美国汽车业激烈变革的到来，被美国经典汽车协会授予“基本模型”的荣誉。从这款设计上，我们看到的是一种简约的风格，是一种新的美学观念的表达。不仅如此，与琥珀汽车公司的合作，也启动了企业系统设计的新篇章——罗维在设计中不仅关注产品本身，并且对所有涉及设计品质的相关要素都逐一地实行了改进，其中对汽车本身进行改造自不必说，他同时还考虑到了广告宣传册、汽车展厅的装饰和照明、公司的信签抬头纸，甚至公司总裁办公室的设计方案。

1933 年的秋天，罗维将其公司搬迁至第五大道 500 号摩天大楼的 54 层。此时的罗维向往接触更多不同类型的产品设计。他开始雇佣设计师，并且将办公室也布置得非常现代——罗维准备在工业设计领域大展拳脚了。不久以后，罗维被繁忙的事务所包围，这让他意识到了管理的重要性，于是他开始雇佣专门的业务经理。这期间，罗维所服务的公司包括一家大型的纺织品制造企业 Shelton Looms 与一家石油公司（为其设计汽油泵和服务站）。

1934 年，罗维为西尔斯公司设计的“冰点”（Coldspot）冰箱创造了一个销售奇迹，年销售从 65,000 台提升到了 275,000 台。这成为历史上工业设计应用于大批量生产的经典案例。

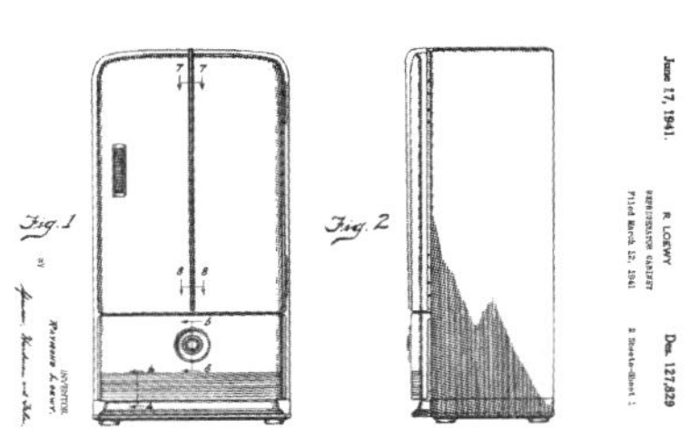

图 3-3　罗维为西尔斯公司的“冰点”冰箱所做的设计图。

图 3-4　罗维与洛德·泰勒公司合作进一步扩大了自己的设计领域。

18　Raymond Loewy, *Never Leave Well Enough Alone*, The Johns Hopkins University Press, 2002, p85.

同年，罗维的公司也开始了与宾夕法尼亚州铁路公司的合作，而双方之间最初的业务接触只是一个小小的垃圾桶设计项目。对于1936年GG-1型电力机车样式的设计委托项目，公司的总裁克莱蒙特（M. W. Clement）采取了非常高的姿态——他给了罗维一个充分发挥的空间。设计的最终成果是一种有着流线型外壳的双端引擎装置的诞生（线条自引擎前端开始从侧面向后贯穿，像一条飞速的运动线），这体现出了罗维致力于实现铁路形象现代化的决心，也为他随后的K4子弹形外壳蒸汽火车的设计奠定了基础。尽管流线型的覆盖层增加了发动机的分量，使其更加难以维修，但它的样子看上去的确非常引人注目。不久，流线型就成为20世纪30年代占主导地位的视觉风格。

由于业务的发展，不到两年的时间，原来的办公室又显得拥挤狭小了。1935年，罗维的公司再次扩大，搬到了第五大道和四十七街交汇的一处顶楼。其服务的对象也维持在十二家左右，一切运转都保持良好。

有过与萨克斯第五大道百货公司的合作经验之后，罗维对百货公司有一种更为全面的设计念头。在1937年的时候，罗维和他的同伴有感于美国的百货公司在过去的二三十年内似乎都没什么变化，于是，罗维与洛德·泰勒（Lord & Taylor）公司总裁多诺斯·希弗（Dorothy Shaver）展开了积极的沟通，并因此有机会对百货业的形态做出一种新的尝试性的设计。这种新形态的商店坐落在曼哈顿郊外约二十英里，是经过罗维公司的调查后在曼哈塞特（Manhasset）购置的一处地方，被称为"边缘店"（Fringe Store），它"不同于先前进军郊区的独立商店，是美国最早出现的真正意义上的连锁店，其组成是小精品店式的，它是一个商品营销的成功模式，成为现代郊区购物的典范"。[19] 在此之前，美国还从未有一家百货企业会将其庞大而复杂的经营系统交由一个设计机构来进行操作，但罗维却成功地开此先河。

1940年3月，美国烟草公司副总裁乔治·华盛顿·希尔（George Washington Hill）——这个曾经让广告商吓得不敢再次登门的人物没有经过预约就径直来到了罗维的办公室，他与罗维的对话直接而有效，这一短暂的会面迅速地敲定了对"好彩"（Lucky Strike）香烟进行重新包装设计的委托事项。四月份的时候，

19 http://en.wikipedia.org/wiki/Lord_&_Taylor

设计方案提交并且被采用。正如罗维所强调的那样，“绝对不能损害花费了上百万美元包装建立起来的形象，任何错误都可能造成严重的后果”。[20] 同时，结合罗维对再设计的产品必须要有所提升的要求，以白色包装为主的“好彩”香烟最终呈现出一股清新淡雅之气。新的设计结果带动了销量的持续上升，并创造了同时期香烟包装的新样式。

到 1945 年，雷蒙德·罗维的联营公司（R. L. A）处在一种全负荷运转的状态，它保持了与超过七十家企业的合作关系。罗维也无比自豪地宣称，他们是与这片土地上最大企业的高层执行官在做交易，无论客户遇到什么重要的问题都会向他们咨询，在设计这个特殊的领域中，他做的是“大生意”（Big Business）。[21] 罗维在这一阶段中确立了自己工业设计师的职业身份。纵观这一过程当中的罗维，之所以在数量如此众多和类型如此多样化的项目之中仍然能够做到应对自如，在我看来，是基于他的两种创新行为的成功实施。其一，在技术策略上，他采用了“循序渐进式”而并非“全盘革新式”的产品设计模式，这种逐步改良产品结构和外观的方式使设计人员能够在短时间内将设计的内容实行提炼，并且进行简化和明确，从而做到对专业知识的快速掌握和进行有针对性的开发研究。其二，罗维作为较早的设计组织的团体管理者，他采用了“设计项目分类”和“设计经理人负责制”等先进的管理策略以应对变化多端的市场需求；同时，他还将所有的设计成果一统于自己的名下（他不允许设计师在产品上使用他们自己的名字）——这种设计管理者对制造者的监督行为在当时的条件下，对于统一企业形象，提高企业知名度，达到和满足企业战略目标，是有着积极的意义的。

第三阶段（1949—1977）：明星设计师——多样化的实践

从 40 年代到 70 年代，随着罗维个人影响力的不断扩大，委托其公司的设计项目也与日俱增。在最忙碌的时候，公司的设计人员到达 250 多人，单

20 Raymond Loewy, *Never Leave Well Enough Alone*, The Johns Hopkins University Press, 2002, p148.

21 同上书，p145.

图 3-5　罗维的头像出现在 1949 年 10 月《时代》杂志封面上，并有评论员文章《比鸡蛋更完美》，详细介绍罗维的设计和生活。

就雷蒙德·罗维联营公司在英国的分公司而言，就为超过 75 家英国公司担任了顾问工作。[22] 此时，罗维在工业设计的领域里已经打拼了二十多个年头，他的设计不仅几乎覆盖了所有生活领域的设计实践，并且由他所开创的诸多"第一"也逐步成就了他在美国工业设计发展史中的特殊地位。1949 年，罗维的头像赫然出现在《时代》杂志的封面上——这一事件标志着罗维的影响已经植入到了更大范围的美国民众的生活当中。

罗维于 1953 年推出的"星线"车型（Studebaker Starliner，也被称为 Loewy Coup 或者 Bourke Coup），"不少批评人士称赞其为 20 世纪外观最优秀的汽车，甚至常常被列入有史以来最漂亮的 10 辆汽车的名单中，现代艺术博物馆（MoMA）赞誉它不仅是一个出色的汽车工业设计，更是'一件艺术作品'"。[23] 其实，早在 1947 年罗维设计的"斯图贝克"就为现代汽车设计创建了标准，之后从 40 年代后期到 50 年代，事实上是被几乎所有的美国汽车设计师效仿。较之二战前的车型，新的斯图贝克汽车采用了密闭的车身结构，将挡泥板线并入座舱、引擎盖和行李舱，车顶部和车身更低，车体也更宽。1961 年为斯图贝克设计的楔形"阿旺提"（Avanti）[24] 车型比"星线"的设计更为激进和前卫。在那个时代里，那简直是一个令人难以置信的简约设计。汽车工业的传奇人物——梅塞德斯首席设计师布鲁诺·萨科（Bruno Sacco）在谈到罗维时说道："所有来自斯图贝克汽车公司的三个项目（它们是 1947—1952 年设计的型号系列；1953—1955 年设计的型号系列；1962 年的'阿旺提'型号），已

22 ［美］斯蒂芬·贝利菲、利普·加纳：《20 世纪风格与设计》，罗筠筠译，成都：四川人民出版社，2000 年，第 362 页。

23 http://www.applelinks.com/mooresviews/loewy.shtml

24 意大利语，意思为"前进"。

经为雷蒙德·罗维在汽车工业领域内赢得了历史地位。他从来不是一个迈小步的人，即使在跳棋中他也会连续跳跃几个方格——这是他的本性所致。正如与斯图贝克公司的合作经历所表明的那样，他总是设法将其带得更远，让他在汽车设计的历史上留下印迹。”[25]

正是在这种本性的驱使下，当约翰·肯尼迪总统决定让他给改良后的新波音 707 飞机（VC-137）——最新型的“空军一号”制定一个与众不同的外观时，雷蒙德·罗维也毫不迟疑地接受了考验。他最后给出的方案是蓝色和白色相间的色彩搭配，即便在今天，我们仍旧能够看到许多飞机的色彩方案多或多或少有点这样的影子。而最具突破性的几处看点是：“美利坚合众国”的字样被印制在机身的侧上方；美国国旗被印在飞机的尾翼；同时，因为这将是总统的专机，所以总统的标记被增加在机头的两侧。罗维的工作立即赢得了总统本人和新闻界的赞誉。我们知道，VC-137 的设计后来又被采用在更大型的 VC-25 机型上，而这个时候已经是 1990 年了。[26]

图 3-6　罗维为美国航天局空间站所做的太空舱设计恐怕是当时人类走得最远的设计了。

1969 年，罗维甚至更大胆地接受了美国航天局空间站的委托设计项目。在那个年代里，人们对太空充满了好奇。人类对未知世界的渴望似乎在斯坦利·库布里克（Stanley Kubrick）[27] 于 1968 年拍摄的被称为“神话纪实片”的电影《2001 太空漫游》中得到最好的抒发，而罗维的太空设计研究也似乎受到了影片的影响。较之于片中的巨大场景，罗维

25　http://www.coachbuilt.com/des/l/loewy/loewy.htm

26　http://en.wikipedia.org/wiki/Air_Force_One

27　斯坦利·库布里克（1928—1999），美国著名电影导演。他在完成最后一部作品《大开眼界》（*Eyes Wide Shut*，由汤姆·克鲁斯和妮可·基德曼主演）四天后去世。著名作品《奇爱博士》（*Dr. Strangelove*）、《2001 太空漫游》（*2001: A Space Odssey*）、《发条橙》（*A Clockwork Orange*）、《闪灵》（*Shining*）等都是电影史上的经典之作。

设计的小型登月舱[28]具有更强的实现性，它反映出典型的设计师思维——宇航员在太空舱中有限的活动空间得到了最紧凑和有效的安排。

除了上述引人瞩目的设计项目之外，罗维公司所承接的标识设计也举不胜举，在公司庞杂业务的映衬下却常常显得无足轻重。但其中罗维为埃克森公司（Exxon）和壳牌石油（Shell）设计的标识实在是影响深远，让人不得不提。在埃克森公司标志的设计中（1966 年），罗维使用两个连接的"X"营造了一种潜在的记忆逻辑，同时也使其与旗下品牌"埃索"（Esso）的两个"S"产生了某种关联，使公司名称和品牌名称保持了一致性。壳牌的标志（1967 年，注：有些文献记载的日期为 1962 年）被称为"海扇"，最初的标识由于将公司名称字母放在了图形当中，因此从远处看或者光线不好时会不易识别。于是，罗维将文字挪至图形之下，同时将贝壳的外形和表面纹理给予简化、拉直等处理，从而使最后完成的标志具有更加清晰、明确的辨识度。

与第二阶段着重于产品技术层面的创新（包括功能、造型创新和服务创新）所不同的是，在第三阶段中，罗维似乎已经非常注重搭建与公众的"对话"平台了——这不仅可以从早年在纽约世界博览会（1939—1940 年）期间他开始雇佣专门的公关咨询顾问来帮其树立公众形象的行为中初见端倪，更可以从他 1946 年出任美国工业设计师协会主席并且制定和公布设计行业伦理规范，或是通过公众演讲、撰文发表等形式向外传达其关于"MAYA"和"重量是敌人"的设计观念等积极面对大众的沟通行为中，得到充分的展现。或许站在"一个有文化的、有宽厚品质的'对话'决定了技术最终是否能够有回报"[29]的角度来看，罗维将自身主动引向"在场"是出于一种商业功利主义的需要（在大多数关于他的报道里，都曾经提到过他擅长利用新闻媒介为自己的设计开辟道路），但不可否认，这一举措本身就表明了罗维作为新型的技术专家在组织生产形式方面所取得的一种创举，他不仅将设计师的角色提升到了一个合理、合法的位置上，而且引导整个社会逐渐形成了一种对工业设计更为理性和客观的看法。

28 http://www.wired.com/culture/design/multimedia/2008/11/gallery_loewy?slide=19&slideView=7

29 ［美］汤姆·彼得斯：《汤姆·彼得斯论创新》，林立、沙丽金译，海口：海南出版社，2000 年，第 317 页。

这一阶段的罗维已经由伏案专注于产品结构和性能的设计师转化成为了一个大众的明星，在“协调孕育共同价值和现实”[30]方面，他的使命已经从其组织机构内部扩展至整个社会的层面。罗维在设计行业所取得的支配地位证明了他的创新是成功的，因为“所有企业家战略，即所有旨在利用创新的战略，都必须在某一个特定环境中取得领导地位，否则其结果就只是为他人作嫁衣而已”。[31]

30 刘瑞芬：《设计程序与设计管理》，北京：清华大学出版社，2006 年，第 143 页。

31 [美] 彼得·德鲁克：《创新与企业家精神》，蔡文燕译，北京：机械工业出版社，2007 年，第 121 页。

雷蒙德·罗维职业生涯所揭示的“三个核心”问题

通过对雷蒙德·罗维职业生涯发展的考察，他在不同阶段所反映出来的创造性表现和商业成功以及角色变换，揭示了现代商业系统中职业设计师发展的三个核心问题：创造性、商业性以及身份实现。对这三个问题的理解和把握对于当下设计师的职业发展路径和策略，提供了一个有效的参考维度。

罗维于 1919 年从法国移民至纽约时，尚未确立自己作为工业设计师的身份，但或许正是这份“名不见经传”预示着他将拥有更加广阔和自由的个人成长空间。事实证明，罗维迅速地谙熟了由技术、社会和信息交织而成的市场经济的协作规律。尽管从表面看来，罗维并未像欧洲设计师那样擅长对自己的设计哲学进行理性的剖析与归纳，但是，从他所设计的产品通常都是简练、经济、耐用、易于维修和护理以及典雅美观的特点来看，罗维的创造活动有着“摈弃某种容易引发‘暂时的、虚幻的信念’[32]元素”的倾向，同时也表明在“追逐实际目的”和“不再构成对社会威胁”之间，罗维一直都是一个积极的思考者和实践者。通过大量的设计实践为自己争取到了极高的声誉——他的理想似乎在建筑师和空想家弗雷德里克·基斯勒（Frederick Kiesler）关于“美国的表达方式是大众化的”[33]的描述中找到了落脚点。这一切都在他那著名的宣言——“对我来说，最美丽的曲线是销售上涨的曲线”（There is no curve so beautiful as a rising sales graph.）的映衬下显得次要和孱弱。

从初到美国时的“隐匿”状态到设计师职业生涯全方位的“在场”，对罗维个人在整个变化过程中不确定因素的理解显然应该是复杂的、多面向的。在设计师“隐匿”与“在场”的转化过程中，设计师之所以能够成全自身身份并且实现价值认同，其中自始至终有一个与之不离不弃的内在作用力，那就是设计师个人创造力的显现——它包括了当场域的层级和时间的线性关系

32 ［美］约翰·拉塞尔：《现代艺术的意义》，陈世怀等译，南京：江苏美术出版社，1996 年，第 317 页。

33 ［法］菲利浦·莱姆奥耐：《传统理性的让位》，张玉花译，载于李砚祖编著，《外国设计艺术经典论著选读·下》，北京：清华大学出版社，2006 年，第 44 页。

相互交织一起时，设计师在技术层面的自我建构以及与社会互动日渐趋于完善的过程。

从“隐匿”到“在场”——身份实现

对于现代商业系统中的职业设计师而言，身份实现必然要经历一个从“隐匿”到“在场”的发展过程。在罗维最初的职业生涯阶段，陌生的环境和陌生的人群迫使他必须要尽可能全面地去展现自己的艺术天赋，从而才有可能获取更多的发展机会。如果不进行多元化的尝试（例如涉猎商业广告插画、橱窗设计和萨克斯百货公司的企业形象设计），即使罗维将自己的绘画技巧和审美品位在当时著名的时尚杂志上展现得多么尽善尽美，就其个人而言，罗维对于自我创造力的陈述也只能停留在平面视觉艺术的小范围内，因此，如果站在整个消费社会的角度观之，此时的他还是一个不折不扣的“隐匿者”。在第二阶段，罗维的创造力得以全面的显现。其间，设计对象的多样化要求他具备综合的实践技巧，同时随着与其设计师职业生涯联系最为密切的一批企业和企业家的逐渐聚拢，都决定了罗维必须要面对合作中的复杂性，而不可能像早期的插画师那样只是一种相对个人化的单纯的艺术表达。这一时期，罗维在相当多的时间内是在努力构建一个可以使企业家和消费者双方都能够理解的“陈述基底”——这项工作对于第一代工业设计师来说无疑是艰巨和繁重的，他需要对新出现的社会法则、技术工具和信息流通方式做出自己的选择和判断，并最终形成符合市场规律的创作成果。但不可否认的是，这样艰辛的探索过程反过来也成就了罗维自身——他在此过程中所得出的诸多开创性思路和举措为他赢来了制造商和消费者的认同与追随，他的个人形象由此在这样一个职业群体中得以显现，由此逐渐从生产的幕后走向了面向公众的台前，成为当时首位主要以“在场”形式来证明自己创造力的设计师。这不仅是罗维个人的成功，也是“设计师”这一职业所取得的阶段性成功，从一个侧面表明当时社会对“设计师”这一全新的职业形态的认同。“隐匿”与“在场”作为设计师创造力显现的两种主要外在表现形式，无疑在罗维的职业生涯中得到了最生动的体现。

那么，据此我们能否达成这样的认识：当设计师处于“隐匿”状态时，表明其社会影响力尚且处于较低的水平，从而推断他的创造力也非常有限；而当设计师处于“在场”状态时，则意味着他在创造力方面已经大获成功了呢？事实上，在实际生活里，我们发现情况要比这复杂得多。例如，许多设计师并不像罗维那样为广大消费者所熟悉，但是他们所设计的产品却极大地提升了人们的生活质量，同时也为制造商创造出丰厚的市场回报；再比如，一些企业的设计师在产品开发的过程当中始终与对象保持高度紧密的联系——他们积极参与项目策划、设计研讨、模型开发、成品制造、质量检测、市场推广、售后服务等各个环节，但其成果却没有创造出新的满足或换来理想中的报酬……由此，我们有理由认为，“隐匿”或“在场”并不是用以评判设计师个体成功与否的标准问题，而是个体在事业发展的不同阶段（以时间为坐标）和不同层次上（以创造力成果坐标）的一种动态的存在形式，随着外部环境的变化，二者会以交替的方式呈现出来。（见图表一）

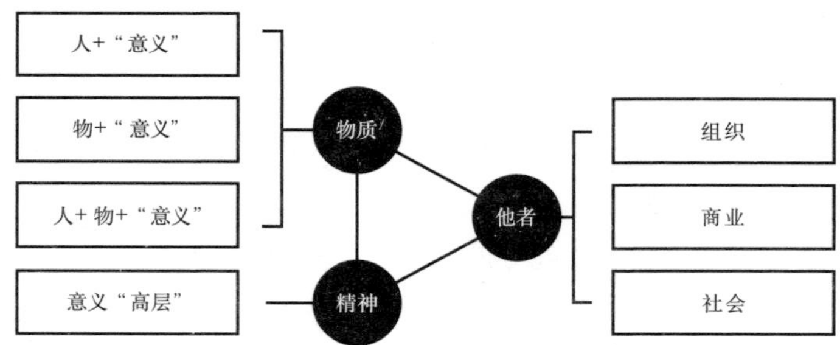

图表一　“隐匿”与“在场”的对象与 OBS 框架

在此，我认为，对设计师的“隐匿”或“在场”的状态描述可以围绕着以下两组蕴含着逻辑顺序的关系展开：

第一层级：设计师（人）与设计作品（物）的分离和联合（侧重于个人创新）；第二层级：设计师（人）与外部环境的分离和联合（侧重于组织创新及商业创新）。

下文所讨论的内容正是在这样的认识基础上循序展开的。

身份实现的问题

就设计师的“隐匿”或“在场”这样一种存在，依据图表一我们可以归纳出以下四种不同的形态，并且，这四种形态在时空上没有相互的交集。第一种状态是人的“在场”（物的“隐匿”）。包括了两个方面的解释：其一，在产品最终诞生之前，设计师在创作过程中始终与设计对象保持着空间上的联系，即在现实环境中设计师总会现身于设计物所涉及的场域——无论这个地方是机器声喧闹的加工工厂，还是静谧肃穆的制图间；无论设计师本人即刻位于作品旁边，还是身处千里之外——他都会选择适当的方式参与到新产品的资讯整合以及对他人行为的操控中去。其二，设计师通过创新活动使自己成为施与产品“意义结构”的主体。当设计师为产品提供某种新的形式、质料、色彩、空间排列和符号表征时，也向外界传递出了他的设计哲学、审美倾向、性格特征、工作方式以及所处环境等诸多个人的信息，例如，迪特·拉姆斯（Dieter Rams）对于“技术美学的外观”的思索使20世纪的电器产品开始摆脱由漆木板、胶合板、装饰织物和塑料模板等组合而成的状况，而他的关于“产品的设计需要按照易于常人理解的方式来进行”的设计理念也基于他对于“大多数人都不喜欢阅读产品说明书”这一日常生活细节的观察。由此可见，设计物之所以不同于一般的自然物而成为“有意义”的介质，就在于它被注入了设计师个人的创造力，因此，设计师势必成为产品诞生的前提。需要强调的是，这种主体形象往往会因为设计师连贯性的职业行为、设计风格的逐渐形成和与市场的持续互动而被逐渐地固定下来，即使在与产品分离的状态下，其创造者的身份也依然是成立和被人知晓的，因此设计师作为创造力的主体总是“在场”的。

第二种状态是人的“隐匿”（物的“在场”）。在工业化设计的进程中，为了加速产品的循环和降低成本，团队化的分工合作已经成为必然采用的手段。在经过由多人参与的组织运作之后，人们已经十分难辨究竟是谁在最终的设计物里占据了主导的地位。而鉴于某种企业发展战略的考虑和现实条件的制约，绝大多数的设计组织通常也无意于让物品的创造者走向大众视野，因此设计师的个人符号（例如容貌、声音、个性特点等）在公众眼中并没有得到强化，甚至根本不被知晓，人们在欣赏、享用新产品之余几乎无法与之进行联系。其次，随着全球经济的一体化，设计师的作品固然可以在更广的世界范围内被更多的消费者享用，但同时也给设计师提出了新的挑战——因为时空的距离像一道难以逾越的鸿沟横亘在设计师通往消费大众的路途当中，这使一位亚洲的顾客很难准确地了解到自己正在使用的美国电器的设计师究竟是谁。人们对于设计物的熟悉程度通常要远远高于它们背后的设计者，于是，从表现形态上来看，设计师便在组织内部或在消费者面前“隐匿”了。

从物的方面来讲，产品之所以能够独自“在场”独立存在，原因有二：其一，是因为它在整体的物质形态及功能性上具有相对独立的完整体现。由设计师智慧所构成的优秀品质最初是将其特征隐藏起来的，直到它们成为视觉上可见的物时。[34] 设计物给消费者提供了一种视觉、听觉和触觉的真实感，而并非纯粹的幻象，当设计物成为设计师“存在意义”的所指并成为设计价值的物质承担者时，设计师本人就隐退到了一个隐蔽的位置上。在现实生活的反复感知中，实际的空间距离转向“虚化”，而设计师个人的信息已经附着在“物”中，“人”与“物”因此得以分离。即使当设计师处于隐匿状况时，设计物中所蕴含的社会性、经济性、技术性、艺术性、心理性和生理性，特别是创造性依然可以独自“在场”发挥作用，对于接受者而言，依然能够感觉到设计师的“在场”。其二，通过大众与设计物的接触，我们可以看到，在面对真实的物质形态时，消费者会根据个人既往的经验和当时的心理状态对设计师的创作意图进行理解、选择和补充，继而形成对物品的“知觉”。在这一过程当中，设计师基于观察所阐发的视觉化表征以及具有强烈个人特色的作品内涵都会受到解构或者淡化，更多的消费者在设计师的人造物中看到的是他们自己，显现出的是自我经验的外化和延伸——此时设计物俨然已经转化成为一种超个人化（Super-personalized）的物品。这种由消费者共同构建认知的模式使设计物品在认同和使用的过程中构成了数不清的独立的个体世界，“意义的多解”因此也成为当今最重要的商业设计特征之一，而物的显现及设计师的“隐匿”恰恰从某种程度上成就了这一趋势的扩展和深化。

34 Naoto Fukasawa & Jasper Morrison, *Super Normal Sensations of the Ordinary*, Lars Muller Publishers, 2007, p5.

第三种状态，是人与物的同时“在场”。通过对前两种状态的描述和讨论，我们可以得出，设计师（人）是创新的主体，而产品（物）是意义结构（文化）的载体，当二者都独立“在场”的时候，都能够各自清晰地表达设计师“创造力”的存在。那么，当二者同时“在场”的时候又说明了什么问题呢？

人与物的同时“在场”的最终结果必定是使初级关系中“人和物的联合”得以完成，而当设计物成型后，物从最初诞生时对设计师存在的依赖性和隶属关系在这一刻统统被消解，人和物变成一种并列的关系——设计师与设计物在整体意义上具有“同一纬度”的特质，二者相互包含、相互映射，你中有我、我中有你。从造物的角度，可以说，此时设计师对于产品的美化或者产品的结构设计阶段已经告一段落，然而，对于持有某种设计战略或隶属于某种设计组织形态下的一部分设计师而言，却不意味着他的创新工作就此可以停止——尤其是在今天设计行为的内涵已经随着多学科的加入和交织而变得非常复杂的情况下。设计师可以通过自身与产品紧密结合的形式向第二层级的组织创新及商业创新进发——有关新产品的信息以设计师为圆心逐渐往外扩展，无论是有限的“物的信息”，还是无限的“意的传达”。从旁观者看来，设计师这时候的身份角色更倾向于一个产品推销员或者是权威专家，甚至是明星人物（譬如罗维）。因此，人与物的同时“在场”也被看作是设计师将其设计意识和设计服务应用于企业产品并且使自己的设计价值最大化所做的一种努力。

第四种状态是当人与物同时都不“在场”的情况下意义的独自“在场”。这一问题指向了“设计的成果如何穿越时空反射到另一个时代或者另一个世界之中去”的问题。在此，给出解释是，设计师的创造力赋予产品以特征，而当这种特征经过一定广度和深度的人类生活的检验以后，它就具有了特殊的意义并得以自处。

出于社会责任感和对艺术水准的追求，一些设计师总会通过“保持物品的视觉身份在一个较长时段里的连续性以抵抗时尚循环的冲击”的方式来诉诸自己的价值理念。拉姆斯就曾经说过：“作为设计师，我们负有很大的责任。我认为设计师应消除所有的不必要因素——这就意味着要消除一切流行的，因为这种事情仅仅只是昙花一现。”于是，当技术性与现代性成为理想商品的必备因素时，拉姆斯追求永恒的品质感的产品恰恰结合了这两者，因此“从来没有谁听说过拉姆斯所设计的产品可能会有一个使用期限”。[35] 事实证明，他所主导的“博朗”系列产品成为了“黑色极简主义”的同义词，并且这种风格的产品至今仍是受到消费者追捧的工业设计产品。由此，我想到，工业设计的这种情形和丹纳对于艺术品特征的评述十分类似，丹纳说，“作品把我们提出的条件完成得越正确越完全，占的地位就越高。我们的条件有两个基本点，就是特征必须是最显著的，并且是最有支配作用的……一个特征越接近本质，势力范围越广大；而势力范围越广大，特征就越稳定”。[36] 在产品设计中，设计师通过个人的创造力赋予了产品与众不同的特征，这种特征经过连续的、多角度的审查和证实从而形成了一种相对固定的影像，例如，当人们在谈到“可口可乐瓶”的时候，语言所带来“能指”形象就是一种“有着流线型瓶身”的物体，而其中罗维对于产品设计所形成的 MAYA 理念则成为这一物体的“所指”，唯有二者一起构成才使得意义凸显其“在场”的可能性。正是因为有了像路易斯・苏利文（Louis Sullivan）所提倡的“形式服从于功能”（Form Follows Function）、密斯・凡・德・罗的“少即是多”（Less Is More）、迪特・拉姆斯的“少，但更好”（Less But Better）等这些对人类生活形成重大影响的思想的存在，即使当设计师与产品都处于隐匿状态时，接受者凭借想象力或者记忆依然能够感觉到意义的“在场”。

综合以上的分析，物质形态的人或物都是与意义所指同时“在场”的，其区别就在于物质形态的人和物的分离，即设计师和设计物可以单独和意义结伴同行；而当设计师和设计物同时“在场”的时候，意义依然会不动声色地存在。在第四种状态中我们看到，意义是最有力量的超越者，这样一种“无规定性的单纯的直接性”[37] 在物质形态日臻完美的时候，获得了自身摆脱固态包裹的力量，挣脱实在而出，从而表明自身。

35 *Icon* 杂志 2004 年 2 月刊登，作者：马库斯・菲尔斯，http://www.iconeye.com
36 ［法］丹纳：《艺术哲学》，傅雷译，北京：人民文学出版社，1996 年，第 345 页、第 357 页。
37 ［德］黑格尔：《小逻辑》，贺麟译，北京：商务印书馆，2002 年，第 198 页。

身份的相互转化

通过以上内容的讨论，本书认为，设计师的身份实质是一种产品语言的延续和发展。如果说设计师一直是表达各种产品语言的专家，在由产品类别所规定的任务范围内运筹帷幄，那么时至今日，在工业社会物质文明向信息社会的非物质文明的迈进以及设计从静态的、理性的、单一的、物质的创造向动态的、感性的、复合的、非物质的创造转变[38]过程当中，他们自身也逐渐转化成为阐释人与物之间关系的重要的载体。

在这里，不妨借用产品语言学说的开拓者——美国哲学家苏珊·朗格（Susanne Langer）针对设计提出的两个十分重要的基本概念："提示"及"象征"。她认为，"提示"指出了一样东西、一桩事件或某一具体情况（过去、现在或未来）的存在状态，其中又分为自然的提示和人为的提示；而"象征"代表对象本身以外的某些东西，具有"替换"的特性，其概念中包含了经验、直觉、价值观、文化规范等方面，象征并非自然授予，而是约定俗成，即由社会的协议、传统等造就[39]。那么，结合本书的中心议题——创造与认同，其个人创造力的塑造对于"提示"产品有着什么样潜移默化的影响？而设计师的创作力又有着什么样的产品"象征"意义呢？这些问题的解决与否直接关系到自我及他者对认同的判定。

设计师以"认识他人行为需要"[40]为基础的创作动机能够使自己在消费者心目中建立起"可以依赖"的正面形象，而当设计师的贡献在公共领域与私人领域、个人感情与大众关怀之间达成一致性时，消费者就会和他形成共同的信念和类似于亲缘般接近的关系。这种信任感和情感纽带在复杂的非个人交换形式中显得异常重要，对于消费者来说，它将预示着即使是素未谋面的设计师的"提示"也是科学的、合理的、有益的和令人愉快的。另一方面，法国学者让·鲍德里亚（Jean Baudrillard）在对后现代消费现象进行研究

38 凌继尧等：《名家通识讲座书系：艺术设计十五讲》，北京大学出版社，2006 年，第 184 页。

39 [德] 伯恩哈德·E. 布尔德克：《工业设计：产品造型的历史、理论及实务》，胡佑宗译，台北：亚太图书出版社，1996 年，第 206—207 页。

40 有关信任的探讨可以参考亚当·赛里格曼：《信任与公民社会》，载于《全球化与公民社会》，桂林：广西师范大学出版社，2003 年，第 367 页。

后提出，在消费社会里，人们进行交换的直接目的已经不再是物品的使用价值，而是表示身份、地位的符号，因此他做出了“经济的支配让位给符号式的文化支配”的表态。按照鲍德里亚的理论，作为支配现代社会的符号系统的设计师，其个人信息也可以成为一种象征符号被传递到消费者那里，人们知道设计师个人的背景，就会联想起由他设计的某件或某个系列的产品以及关于这些产品的各种隐藏的信息，包括对已经使用过的那些做出评价和对未使用过的那些做出预测。于是，设计师个体的名字代号、音容笑貌等个人符号都具备了“提示”和“象征”产品的功能，设计师的身份也就在意义表征上产生了相互之间的转化。

有一个格外值得注意的现象是，在设计师（人）与外部环境关系进行分离或者联合的第二层级里，按照一般的理解，设计师的“在场”总是要好过“隐匿”，因为这意味着人们可以通过设计师本人了解到更多的产品信息。然而，现实状况与这种预想却形成了相悖的局面。在许多情况下，设计师的“隐匿”有时比“在场”会取得更加有效的市场推动力——去看一看时尚人群是以一种如何朝圣般的心态拜访时装设计师马丁·马吉拉（Martin Margiela）分布在世界各地的店铺就可以知道——而令他们如此趋之若鹜的一个很重要原因，就是在今天通讯如此发达的社会里，竟然几乎没有消费者目睹过这位设计师的模样。那么，是什么导致了这一现象？究其根源，这是因为设计师个体的“象征形式”的身份会被消费者“通过经济评价的过程而赋予不同程度的象征价值”[41]——这就如人们常以“身家”这个概念来评判一个人财富的多少一样，而这种“财富”就是这个人所拥有的能力的高低和资源量的象征价值。既然象征形式可以被赋予商品的性质，由此，“在象征生产与交换的某些领域里，一件货品的象征价值可能逆向地影响其经济价值，就是说，它越是缺少‘商业性’，它看起来越有价值”[42]。因此，日本时装设计师川久保玲在90年代就曾经发布她的简单声明：“红就是黑（成名即失败）。”于是，设计师会将自身个体的“隐匿”也视作一种商业策略——他们通过“人”的身份“隐匿”来成全“物”的“在场”。

41 ［英］约翰·B. 汤普森：《意识形态与现代文化》，高铦等译，南京：译林出版社，2005年，第170页。

42 同上书，第172页。

创造性与商业成功

"三个核心"的第二个问题是创造性与商业成功，即创造性的发展如何有效促使了商业的成功，同时商业成功又如何证明和强化了对于创造性的认同。事实上，这个问题也是现代商业系统中的设计师职业发展所面临的一个普遍性的问题，基于罗维的成功经验来探讨这个问题有利于我们把握关于创造性和商业成功协调发展的一般规律。

在前面的讨论中，通过罗维个案分析了在商业系统中，设计师如何从"隐匿"走向"在场"而达到身份的实现。而这里讨论的关于罗维原则的第二个问题——创造性与商业成功，可以看作是对于第一个问题的发展。创造性的涌现和巨大的商业成功是身份实现的必要条件，对于一个职业设计师来讲，有效处理这两者之间的关系，不但可以达到商业系统中的身份完整实现，而且可能形成实现自我的商业认同超越，从而达到一种公共性的认同和实现。

本书认为，这个问题与两个方面有着密切的联动关系：其一为"某种有价值的新东西存在的状态或者产生的过程"[43]——无论是人的"在场"、物的"在场"，抑或是意义的"在场"，创造力都必然是最重要的考量因素；其二为取决于"设计师所身处的设计沟通模式"（商业系统）。

针对第一个问题，我们注意到，设计师的设计实践是一个通过自我技术的修炼和完善从而努力在内部组织中树立个人的权威过程，并以此争取最大的个人价值实现和自由行动的空间。为了达到这一目标，他们通常对自己有着甚为苛刻的要求："我们必须熟悉自己设计的每一个细节，所有的细节其实就是构成设计的整体，每一个导角的大小、每一部分的尺寸、每个曲面的弧度的变化……不管是 2D 或 3D 的档案，有没有清楚的交代？如果不能清楚地交代你的想法，那你如何确保你'伟大的'设计能被精确的复制？"[44] 这一部分的设计师总是不按常规行事，却又有着极高的设计精准度，在实现"产品与人取得最佳匹配"的道路上总是比别人先行一步，他们对于设计流程有一种特殊的直觉，而这种

43 即罗滕伯格对创造力的解释。

44 浩汉设计、李雪如：《搞设计：工业设计 & 创意管理的 24 堂课》，台北：蓝鲸出版社，2003 年，第 24 页。

直觉能够指引他们找到某种适当的问题解决方法。作为对勤勉工作态度的回报，这些设计师所创造的形象、外观和样式往往能够在情感上征服社会大众而受到拥戴，此种已经超越了造型问题的成功令他们成为世人瞩目的对象并受到明星般的待遇。由于个人独具创见的信息符号常常于无形间被捆绑于产品之上，因此成就了他们始终“在场”的境遇，当你看见某样东西时或许你并不知道设计师是谁，甚至你从来就没有关注过设计的概念，但是只要这个东西让你过心了或是只要你觉得这个东西还好用，那么设计的价值就已经实现，事实上这是设计师的创造性在某种程度上发挥的效力。

创造性人格

在对创造性有了基本概念的准备后，我们在处理罗维个人发展所呈现出的具有特殊性的创造活动时，就可以在不脱离现实的基础上，抽离出设计师所有节点式的设计实践中的创造性因素。

“在 21 岁时，还是机械专业学生的罗维作为个人应征入伍参加了第一次世界大战。在前线，他用花朵图案的墙纸装饰他所驻扎的防空洞，并挂上了帷幔和使用带穗饰的枕头。他还为自己设计了一条新的裤子，因为他认为政府发的裤子的裁剪实在是太糟糕了。”[45] 这些个人的生活信息向我们透露出，从年轻时起，罗维便具有主动认知而不是被动的文化传递者的潜在特质。根据美国文化人格学派的代表人之一拉尔夫·林顿的说法，任何个体所能产生的反应都包含在了“发生中的反应”（Emergent Responses）和“既成反应”（Established Responses）这两个方面。作为个体，大部分反应都聚集在“既成反应”这一端，而少数反应则在“发生中的反应”这一端，因此，个体通常更加愿意过惯性生活，而不愿为非惯性生活发展出新的行为。[46] 可是，从罗维即使在战争期间，仍然能够针对环境造成的不舒适感做出“新的行为”这一举动来看，其创造性人格的形成基因已有所显现，而“在发展新行为的过程中，人格在功

45 *Up From The Egg*, *Time*, New York, 1949.

46 ［美］拉尔夫·林顿：《人格的文化背景》，于闽梅、陈学晶译，桂林：广西师范大学出版社，2006 年，第 76 页、第 77 页。

能上对于建立新的有效的惯性行为有重要贡献”。[47]

此后，罗维与英国驻纽约总领事阿姆斯特朗爵士的船上偶遇，以及初到美国以后与百货业商人罗德曼·沃纳梅克（Rodman Wanamaker）、杂志出版商康德·纳斯特（Conde Nast）、在政商两界都非常具有影响力的格鲁佛·惠伦（Grover Whalen）等人的结识与交往，更进一步揭示出获得“学习某个符号系统的运作”的机会对于成就创造性个人的重要性，因为“一个未得到有关人士了解和欣赏的人很难做出会被人看作是创造性的成就。这样的人可能无法学到最新的信息，可能没有进行研究的机会，如果他竭尽全力完成了某些有创意的工作，它们也可能被人轻视或嘲笑。”[48] 由此可见，踏上美国土地时仍然穿着战争年代上尉制服和怀中仅有 40 美元的青年罗维，尽管已经具备了一种在创造力方面的“惯性的连续性构成”人格，但是如果他无法获取专业带头人的认可和赏识，那么，他的新颖思想将不被接受并纳入专业体系当中，个人的创造性或许只能被局限在一个狭隘的范围之内。

产品的创新——简化原则

彼得·德鲁克[49] 曾经表示，创新不一定必须与技术有关，甚至根本就不需要是一个“实物”，这与他将“创新”定为一个“经济或社会术语，而非科技术语”的背景思想有关。然而，在罗维进入美国工业设计领域的那个时期，“设计”作为传统造物活动方式的本质并没有发生变化[50]，大量的物质形态的工业原料仍然有待于设计师赋予它们造型与功能，并且在尚未进入流通环节而成为“商品”之前，设计师就要在“产品”阶段里担负起预测并控制其未来命运的责任。因此，设计师需要通过提供某种新的形式、质料、色彩、空间排列和符号表征，从而使设计物成为有意义的对象。正是基于“对已知的和已接受的知识，同时又想

47 ［美］拉尔夫·林顿：《人格的文化背景》，于闽梅、陈学晶译，桂林：广西师范大学出版社，2006 年，第 76 页、第 77 页。

48 ［美］米哈伊·奇凯岑特米哈伊：《创造性：发现和发明的心理学》，夏镇平译，上海译文出版社，2001 年，第 52 页。

49 彼得·德鲁克（1909—2005）以他建立于广泛实践基础之上的三十余部著作，奠定了其现代管理学开创者的地位，被誉为“现代管理学之父”。

50 许平：《视野与边界》，南京：江苏美术出版社，2004 年，第 20 页。

朝着一种尚未很好规定的真理发展”，使得设计师的创造性思想在这样一种“充满对峙的缝隙里生长”。[51]

与诺曼·贝尔·格迪斯、提格、德雷夫斯等少数美国早期工业设计先驱一样，罗维认为每个对象都可以有一个理想的形式，这种形式囊括了经济成本和风格样式的因素，同时还可以表达其功用。它们最好能够遵循许多人类最初的工具（例如斧柄、犁铧和牛轭），首先实现造型“有机设计”的完美。因此，尽管一直以来，罗维本人对自己的美学观念及设计哲学并无进行系统的归纳和总结，但在其创造力的技术表现层面，我们却可以清晰地看到他对于工业产品“简化原则”（Simplification）的思考与应用。

以下是一个对烤面包机进行改良的设计案例。

A 和 B 是客户带来的两种造型的烤面包机，首先，它们在产品制造水准和应用功能方面都是旗鼓相当的。两者的不同之处在于：由竞争对手制造的 A，外壳经过了抛光处理，边缘被处理成曲线，两侧的贝壳形的控制手柄与基座形成外观上的呼应；此外，由于基座被设计成一个整块，因此放置在桌面上稳定而安全，运作时也十分安静。至于 B，整个外观是一种僵直而锐利的廓型，底部足状的支架既不与整体造型相和谐，也不与控制手柄的造型相一致。同为 18.95 美元的价格，A 当仁不让地从竞争中胜出。

罗维研究了客户生产的 B 型烤面包机，发现在除了角口切面、表面棱条、小铆钉和手柄呈凸起形之外，内部功能没有任何问题。于是，很快他就提出了“简化造型”的解决方案。但同时有一个棘手的问题是，客户对 A 型烤面包机印象深刻，他们的思维已经无法跳脱出 A 所带来的模式——这显然对设计师的

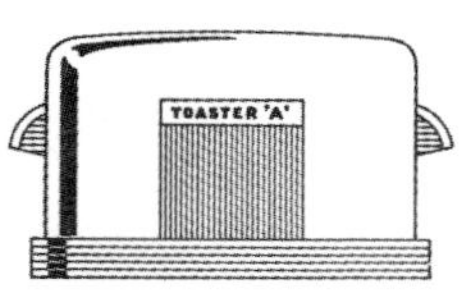

图 3–7　烤面包机 A

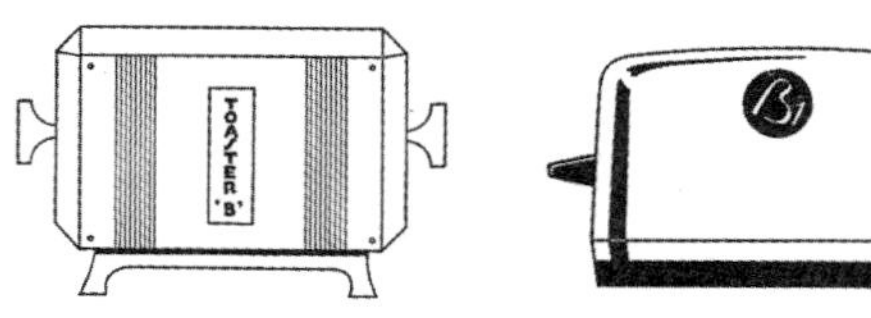

图 3–8　烤面包机 B 与烤面包机 B1

51 ［美］米哈伊·奇凯岑特米哈伊，《创造性：发现和发明的心理学》，夏镇平译，上海译文出版社，2001 年，第 102 页。

工作提出了双重挑战，因为他既不能抄袭 A，同时还要比 A 做得更好。于是，他将所有的直角都加入了弧度；取消了表面上和凹槽里的铆钉，并且将机身处理成为比 A 更为圆滑的倾斜曲面；底座采用了“收口”的形式，这使它看上去与机身仿佛融为一体。新设计的烤面包机 B1 在高度的设置上与 A、B 完全相同，但是更薄的黑色底座和水平伸展的黑色控制手柄让它看上去却比前两者更加低矮，因此在视觉上和实际操作中显得更加稳健。当客户看到成品时，他们承认新的烤面包机型 B1 具备了所有 A 的感觉，但仍然是原创的。

通过这个创新的过程，我们可以观察到，罗维作为杰出的设计师，其先进的产品开发理念主要集中在以下两点：

第一，B 在经过“以结构性的更新来取代表面化修饰”的改良以后，显得比 A 更加简约、整体和紧凑，同时也更易于清理。这种并非简单的外部整形的处理，无疑反映出罗维在形式的创造方面已经关注到了终端用户与产品之间美学的、身体的和心理的接触，以及产品所需的外部系统兼容性问题（例如考虑到 B 的委托方与其竞争对手 A 的关系，或者同类产品的相似度的问题，等等）。可以确定的是，罗维并不是以艺术家那种“内心建立起来的韵律优势”[52] 来从对象中剥离出某根线条或是某块颜色的，因此他的“简化原则”并不总以视觉构成作为唯一的出发点，而是由一系列与科学和工程原理有关的符号规则和程序组成的。另一个典型的例子就是，在宾夕法尼亚州铁路公司的机车设计项目中，罗维用焊接的方式取代了铆钉装配的方式，结果减少了上万颗铆钉的用量，不仅降低了制造的成本，还减免了大量繁重的手工打磨劳作，同时也使机车外观变得整体、轻快、光洁。

第二，罗维参照烤面包机 A 而对 B 的“现存问题”进行的独创性解决，表明他的产品创新已经从早期设计师所信奉的“面向产品”（Product-oriented）的设计观点转向了对“面向过程”（Process-oriented）设计方式的探索。这种转变意味着设计师的工作重点不再是“从无到有”的构建，而是要不断地解决在一个周期内陆续出现的各种产品问题以取得生产上的进展。由于这种“在限制因素下进行”的改造是逐步的、互动的和递进式的，每一个步骤都关

52 ［英］罗杰·弗莱：《视觉与设计》，易英译，南京：江苏教育出版社，2005 年，第 32 页。

系到对设计进展的衡量，因此设计师被要求能够提供一种或多种设计原则、方法和操作工具——包括判断力、直觉感受、反应速度以及启发他人的能力和条理性。

我们固然不能因为罗维拥有比其他设计师更加丰富的实践活动就想当然地在他的作品与“好的设计”之间画上等号（因为关于产品的“好”的标准本身就十分复杂和难以确定，它们通常由企业目标、社会影响力、业内专家的态度、产品的质量、性能、功效、美学特征是否具有先进性，甚至进行评判的时机等多个角度以及多个层面的因素构成），但可以肯定的是，作为自由设计专家，罗维与那些在通用汽车（General Motor）、通用电气公司（General Electric）或者西屋公司（Westinghouse）的内部设计师所不同的是，他需要有更加强大的知识整合能力以应付小到领带别针，大到宇宙太空舱等各类看上去千差万别的设计项目。由此，被罗维作为“提升产品标准”[53]手段的“简化原则”其实是一种建立在新知识系统上的设计，而“一项以新知识为主体的设计往往构成了这项设计新的结构和功能，形成新的不同于以往的产品结构和体系，并预示着已有产品寿命的终结，从而赢得新的市场空间，取得巨大的效益。”[54]

自我实现

从罗维创造性的物品化这一表征中，我们可以阅读到好几种意义。对设计师而言，创造性代表将想法变成事实的能力，我们观察罗维的创造性无疑都是以其设计的作品作为分析对象，而纵观其一生所达至的自我实现则展现出了一种心路历程，正是基于创造而得以产生新奇而有价值的经典物品。就像我们研究罗维必然会经历对设计物品本身的描述，这是一个历程的结果。而罗维在设计上的成功，也常常被人看作是环境提供了创造的时机，创造是人与环境之间独一无二的互动。通过对罗维设计生涯的梳理，我们发现在他身上所展现出的创造力至少有四种面向：创造的过程、物品、人和情境。

53 Raymond Loewy, *Never Leave Well Enough Alone*, The Johns Hopkins University Press, 2002, p213.

54 李砚祖：《设计大讲堂：设计之维》，重庆大学出版社，2007 年，第 45 页。

无论是在设计宾夕法尼亚GG-1型电力机车时，还是为西尔斯公司设计的“冰点”冰箱，过程所展现出的新思路将设计引向了一个全新方向。关于物品，我们无须多言，其创造性以一种视觉化的方式呈现，最易于让人理解；对于人，我们将设计师本身看作创造力的施发者，就设计师个人而言，存在如何挖掘自身创造力的问题。正如我们在对创造力的讨论中提到，创造力并非一种个体现象，而是在作为设计师最基本的活动范围——设计组织中展开；进而创造力是在一个有制造商和消费者参与的消费社会，一个大的场域中发生作用。进一步，我们将罗维如何围绕设计的核心创造力以实现自我做一番分析：创造力绝不仅仅存在于设计师个人的头脑中，进行创新时，拥有梦想和信念是相当重要的，但这不是突然涌出来的，而产生于每天都积极工作的主体参与中。每一次的设计方案在罗维看来都不能有半点马虎，在设计GG-1型电力机车之前，罗维就对机车头有浓厚的兴趣，他自己曾说没有人比他更了解机车了。正是这种对机械化的高度痴迷，或者说是他所拥有的梦想促使他对这一设计方案坚持不懈地努力争取，同时还要使它“进化”为具体的概念，这便是创新的源泉。当他把效果图放在眼前时，我们完全清楚罗维的想法。

图 3-9 通过设计前后的比较可以看到罗维对设计的一种把控能力，同时可以看到一种“简化原则”的一以贯之。

个人的创造力离不开各种人际关系的支持。罗维最初踏入时装插画领域就是因为有英国时任纽约的领事亨利爵士的推荐。当然，我们必须强调这是在罗维展示了自己的绘画才能后的自然结果，这两方面是缺一不可的。而在设计方面，哪怕是一个小产品的设计都不是一个人能够完成的。罗维在设计在GG-1型电力机车时有工程部门的技师协助；第一次得到琥珀汽车公司高层的认可是基于一辆汽车泥模，而这同样是由工程师J. N. 协助完成的，罗维在他二十年后所写的自传中还感叹道：“我意识到他是一个好人，他是真的试着在帮助我。”[55] 今天想要实现个人的创新更是一个人所无法想象的，各种人际关系的支援对创新的实现至关重要。

创新者需要具备概念化能力、行动能力和人格魅力，在这三个方面罗维可以说都具有相当的实力，首先是概念化的能力，在对基士得耶复印机做改良设计的时候，由于只有三天时间，罗维很快就确定了设计的概念，“一个彻底的工程设计工作可能需要同我的客户的开发和产品工程部保持六到八个月的紧密合作。而他们在英国，因此我决定限制我在切割（四条腿）和对身体的整形手术方面的力量。这样做就意味着做翻新门面的工作……”在这一事例，中我们不仅看到罗维快速的概念化能力,同时还要极强的行动力。罗维的人格魅力体现在两个方面，一个是他的外表，他总是一身笔挺的西装，与客户谈话也总是用带有法语口音的英文；另一方面是体现在他具有极强的号召力和凝聚力，他的公司能招贤纳士，一批非常优秀的设计师和管理人员都愿意聚拢在他的周围。

当与西格蒙德的见面结束之后，罗维马上开始行动，“打电话我定购了一百磅的模型黏土、建模工具和一盏照明灯。我搭乘出租车冲到四十二街的战争剩余物质专卖店，买了大量的防水油布，用它铺在我起居室的浅褐色地板上……在操作家的照明灯下，看了一阵我的‘病人’（基士得耶复印机），我确定进行一项完全的再设计工作是不可能的，而天使基士得耶只给了我三天时间。我只不过是将机器所有的零配件装入一个整洁的、外观良好并容易拆卸的外壳中。那么我将要重新设计轮子、转动曲柄以及托盘。整个机器将被放置在一套四个细长的稳固的腿架上，涂上令人愉悦的色彩，然后送回商业世界。”在基士得耶复印机设计项目中，罗维采用黏土模型开创了一种新的设计方式。另外，我们看到，设计是在一个有限空间中得到的结果，在这一例子中从时间到技术都给罗维制造了障碍，而罗维通过简化的方式获得了最好的解决方案。这体现出罗维超群的概念化能力和行动能力。

在个人知识系统的构建方面，我们可以看到，作为顾问设计时，所面对的是各行各业的设计需求，在进入每一个新的设计项目时，罗维都要花相当多的

55 Raymond Loewy, *Never Leave Well Enough Alone*, The Johns Hopkins University Press, 2002, p86.

时间熟悉和了解这个行业，这大大地丰富了他的阅历。知识是经过验证的真实信念，这意味着知识的源泉存在于个人的信念和思想中。

“MAYA”一词可能让人联想到中美洲的玛雅文化，继而想到那些古代遗址中粗犷的石雕和壁画，或者是神秘的宗教和久远的历史。显然，大多数人并不会想到这和设计有关。而罗维所指的 MAYA 是“极为先进，但可接受”的意思。这个座右铭概括了他的主要设计理念，甚至是他设计帝国崛起背后的成因，也成为罗维自我实现的一个表征。

应该说，在职业生涯的第三个阶段，罗维和他的公司已经做得相当出色了——通过分布在小城镇中心的灰狗（Greyhound）巴士标志、高速公路旁不断闪过的埃克森和壳牌石油公司广告牌，以及无处不在的可口可乐标志，雷蒙德·罗维的名字几乎被等同于当时社会的商业和文化符号。但是，在创造巨额财富的同时，早在 1935 年罗维就曾经追问过自己“何为设计的价值？”[56] 很显然，他的这一思考已经触及了设计师与消费者之间立场转换的问题。他说：“在由先进设计所构建的茂密丛林中给我们的顾客指路——这并非是一个值得信任的企业设计顾问所唯一能够胜任的工作。无论何时，当新产品被开发出来并且准备好投入生产的时候，我们都应该尽最大可能地开动想象，以提前杜绝任何有可能扭曲、误解或是导向一种令人不悦的迹象。”[57] 在当时，工业设计的理念对于消费者来说的确像是人迹罕至的原始森林——人们对它缺乏理性认识，却沉迷在因它而至的琳琅满目的商品世界里。而罗维在坚持有目的、有组织地寻求商品变化的同时，并没有因此一味地强调先进设计的优势所在，他运用了 MAYA 理念来对抗多数设计师将自身等同于广告推销商的习惯思维立场，指出设计师的工作重心不在于利用心理学技巧来诱导大众购买商品，而是要通过提供突破性的创新产品为消费者带来最好的体验，并由此实现“设计”在商业社会中与利润的真正对接。

创作力是一种合力，各种元素的排列组合会产生无数的形态，因此创新的

56 Raymond Loewy, *Never Leave Well Enough Alone*, The Johns Hopkins University Press, 2002, p115.

57 Raymond Loewy, *Never Leave Well Enough Alone*, The Johns Hopkins University Press, 2002, p282.

系统模式构成了个人挖掘潜在创作力的内在结构性逻辑，以一种系统的思维方式对创造力做整体性把握尤为重要。而显然的是，最终物质形态的表现形式具有设计师个人的印记，是融入了个人经验的一种表达，因此我们当然不能以一种简单的形式，哪怕它是有创造性的形式来对应创造力这样一种全方位的系统。

从罗维个人发展的三个阶段来看，从事时装插画时，更多是一种个人创造力的表现，是自己作为自己作品的评价人。在一个相对专业的规范的圈子中，个人的创造力被看作是第一要义，罗维个人就能决定一幅画的创造，也就是说，一幅画的品质取决于创作者个人的审美判断力和技巧的娴熟程度，无须借用他人之力。而当罗维处于第二阶段时，我们会发现，参与意见的人多了，因此罗维的创造性必须以别人能够理解的方式表达出来，创造力必须经得起专家的检验。因此，创造力是以一个系统模式来展开的。[58] 该系统由三部分组成：第一部分是专业，它由一系列符号规则和程序组成；专业处在我们通常称为文化或由某个特定的社团或有人类所共有的符号知识之中。第二个因素是业内人士，它包括所有该专业的带头人。他们对设计的判断形成了一套标准，至少在审美判断上提供了一个可以作为参考的坐标。最后一个要素就是个人，设计师能否成为一个把新奇事物带进符号领域的人，能否成为专家，或是说，能否把自身的创造力挖掘出来，需要以前面两个要素为依托。创造性是某种改变现存专业或是使某个现存专业转变为一个新专业的行动、观点或产品。因此，设计师要成为一个有创造性的人就能够在思想和行动上改变现存现象，能够以自己的专业技术为本，同时还需要业内人士明显或含蓄的同意。要到达这样的高度当然有难度，但能够意识到创造力是一种关系结构，则将我们从一种自我的封闭状态抽离开来，一种开阔的视野会益于个人创造力的触发。由此可见，设计师个人的自我实现在很大程度上取决于一种更广泛的公共平台的认同。

58 ［美］米哈伊·奇凯岑特米哈伊：《创造性：发现和发明的心理学》，夏镇平译，上海译文出版社，2001 年，第 27 页。

本章小结

设计的自身历史问题得到解决后，不同时期的设计师个人同样面临自我身份的确立和改善。在个人成长的轨迹中，从职业生涯初期默默无名的隐匿状态到个人巅峰期的价值最大化——都是设计师“隐匿”与“在场”在时间线索上的表现。无论世人评述其为“炒作”也好，还是恭称其为“低调”也罢，各种光怪陆离的“隐匿”或“在场”表象都向我们揭露了一个事实——那就是时至今日，以“服务化、情感化、互动化、共享化”[59]为特征的非物质社会的设计规则促成了设计师个人力量的进一步凸显，而这一力量的重要构成要素就是创造力。鉴于一系列庞杂的活动都离不开设计者本人的个性、思维和经历，因此他们日益受到商业利益集团的重视，从而成为企业多元化、差异化发展道路上的重要筹码，这在罗维的设计职业生涯中得到最好的呈现。

有关罗维个人的讨论是否具有普遍性，与别的设计师存在是否一致或是完全矛盾，这些并不重要，事实上，讨论给我们提供了更多的评价角度。作为设计职业的核心，设计师能否开发自身的创造力，决定了他能否成为一个把新奇事物带进符合领域的人。需要强调的是，罗维个人设计生涯所呈现出的创造性也在文章中分别从一种内在的创造性人格和外在的具体物品的创造做了分析。作为一个关键的个人或者说是设计支持者，罗维在现代商业系统中的设计师职业化进程中的历史作用就显得非常重要了，在推动设计师和客户的关系方面，在使创新获得最广泛的认知方面，都不遗余力，这促就了他个人在商业上的巨大成功。我们发现罗维在整个社会系统中既是创新的“来源”，又是“提取人”，常常用无形的方式把它引入客户组织中。从“隐匿”到“在场”，设计师的创造力得到最大化显现，这是设计师个体充分地、活跃地、忘我地、集中全力地、全神贯注地体现生活的结果。[60]

59 凌继尧等：《艺术设计十五讲》，北京大学出版社，2006 年，第 192 页。
60 ［美］马斯洛：《自我实现的人》，许金声等译，北京：生活·读书·新知三联书店，1987 年，第 115 页。

第四章

“有限理性的创造”：
商业系统中的设计师创造力分析

前面以罗维作为个案所做的分析，是以一种特殊性作为开端，当时间的线性关系和场域的层级相互交织在一起的时候，所隐藏其中的设计师从“隐匿”到“在场”的状态，恰好反映的是设计师个人身份实现的问题。作为一种普遍状态时，罗维职业发展所揭示的“三个核心”问题包括创造性与商业成功以及自我实现。本章的内容拟从设计师以时间轴划分的三个阶段为线索，将不同时段的个人存在状态植入 OBS 框架，三种不同层次的组织形态中加以考量，以我们重点研究的对象“创造”，这更趋于客观地揭示创造力的系统完整性，因为创造力不可能抽离出其生发的环境空间而建立起来。我们期望能对设计师处于不同场域中的状态及其所面临的关键问题做出尽可能翔实的铺陈。

设计师个人发展的三个阶段认识模型（OBS 框架）

从设计师“隐匿”与“在场”的存在状态中，我们发现了“创造力”的问题，在第三章已经展开讨论了。同时，我们还发现了一个“设计师所身处的设计沟通模式”，即宏观的商业系统这一问题。唯有将这二者结合起来探讨，才能对设计师的创造力有更全面的认识。作为对设计师加以选择和判断的企业家和消费者，甚至更为宏观的社会系统同样都有自己的主张。正如我们所强调的，他者对创造力的态度同设计师个人的主观判断必须要达成某种统一，这样的创造才是有意义的，唯有如此才具备了“可以加到我们的文化之中”[1]的条件。设计师作为一个自为的整体，由多个部分有机整合在一起。就目前我们的分析框架看，则是对这一整体的相关部分的现实结构的把握。也就是说，设计师作为一个整体，同时与组织、商业和社会发生关系，同某一时段在三个不同场域层次的结构中的存在和所发生的变化，仅仅是设计师创造力的三种不同的关系。

设计师的“隐匿”与“在场”是一组二元性关系的两个方面，在组织、商业环境和社会三个层面或隐或现，反映的是设计师在不同阶段处于不同关系中所展现的价值，以及价值所发挥的效能。如果设计师的“隐匿”与“在场”最初以一种形式概念出现在我们的面前，那么我们有必要对其中的原因概念加以分析，对存在于问题背后的结构线索做出分析。正如第三章中依据雷蒙德·罗维的职业轨迹所做的节点式的描绘，将其置于 OBS 认识模型中加以分析，目的就在于借此得以引发，从而使我们能够对一种普遍现象的表象背后的结构性问题加以分析，“如果我们要获得深层的文化图像，就必须对种种的观察加以分析，并以这种分析为基础，在正确方法的指导下将不同的观察重新加以联结。”[2]

1　［美］米哈伊·奇凯岑特米哈伊：《创造性：发现和发明的心理学》，夏镇平译，上海译文出版社，2001 年，第 24 页。

2　［德］恩斯特·卡西尔，《人文科学的逻辑》，沉晖等译，北京：中国人民大学出版社，2004 年，第 173 页。

第一阶段：组织中设计师“隐匿”的状态

由于“隐匿”和“在场”是作为一种二元关系存在，因此只有把设计师置放于组织、市场和社会的网络结构中才能更全面地、多维度地观照这种多元关系。“让我们回到等级、他律、共同化构成的维系人、人与世界关系的时代”[3]来探讨初涉职场的设计师，处于学习阶段的设计师所面临的是“内在化”的培训和教育，由于缺乏一定的知识、技能以及认同（组织忠诚），目前他在组织中还无法独立制定决策，“隐匿”成为一种必然，而“健康的个体会由于正式组织的需要而封闭和抑制自我实现。”[4]

第一阶段，正如雷蒙德·罗维所经历的、默默无名的潜心修为期，被看作是设计师投入专业领域所必经的道路。通常从设计专业院校毕业的学生都是以设计助理开始职业生涯，在这个过程中，一个对行业完全陌生的新人要面对许多工作中的挑战，至少在几年之内，根据个人的悟性会有所不同，需不断地解决来自工作中的专业问题，以获得职位上的升迁；另一方面，他们要想办法维持自己的生计，如果干得不好，还会面临被炒鱿鱼的危险。对于刚踏入职场的新人，无疑需要在心理和生理上承担巨大的压力。设计师在这一阶段通常会发现自己所掌握的知识完全无法应对新的工作环境，除了专业上的技术，也许还有许多以前从未考虑的知识系统，比如一套切实可行的对流程的操作方法、一种初步的自我管理能力等。如果没有一整套完整的企业所需的技术把握，尤其对于设计行业中的设计师来讲，往往会造成这样一种结果，就是设计师无法对其直觉意义加以判断、评估及经营和发展。显然，设计师面临的困境需要全新的、完备的知识体系来支持。有需要的压力才能培养出相应的能力，而“能力就是工具”。

多数刚刚进入职场的新人都是默默无闻的，在机构中就像“隐形人”，就算是雷蒙德·罗维在他时装插画时期达到最佳状态，但也一样无人知晓其名，因

3　［法］罗贝尔·勒格罗等：《个体在艺术中的诞生》，鲁京明译，北京：中国人民大学出版社，2007 年，第 103 页。

4　［美］克里斯·阿吉里斯：《个性和组织》，郭旭力等译，北京：中国人民大学出版社，2007 年，第 92 页。

为他接触的人和交往的圈子实在太小，而所从事的专业也并未让大多数人了解。个体在这一阶段的“边缘化”，并非简单的“阶层制”的制度性结构导致的，内在的自我反省和自我批判的精神使我们看到，这确实是因为作为处于学习期的个人在各项技术上的不完备，个体显然还不具备承担更大责任的能力，处于第一阶段的设计师如果能够对自我做出如此客观的判断，才为自己未来的提升奠定了可能性基础。

在这里，我们拟从设计师起步阶段层级最低的设计助理的角色来做一番分析，从今天提格公司对新招聘的工业设计师助理所做的“职位描述”中（见143页的附录1）可以看到，对该职位要求之高，绝非一个刚出校门的学生所能胜任。在要求中可以看到不仅对航空器的设计概念、发展趋势和表现技巧有要求，并且落实到了形状、颜色、材料、饰面、制造工艺和成本等创造中最基本的设计要素。而且特别强调贯彻实行的能力，包括整合调查结果和手绘草图对原创概念的体现，组织设计审查，并确定需要的修改和改变等。马克·奥克利（Mark Okely）[5]就认为，具有大量设计技巧的设计师并不足以确保能创作好的设计产品，具有同等重要性的是在生产过程中能有效地输出他们的作品，因为作为形式的创造方面已经涉及了用户与产品之间美学的、身体的和心理的接触，以及所需的系统兼容性问题。

在一种“隐匿”的状态中修缮其身，一方面需解决的是个人自我技术的完善问题，另一方面，“当等级原则和共同体原则主宰习俗，构成人际关系时，每个人首先并通常表现为被归入了使他同化和带有特点的那些隶属体”，[6]这时，组织问题浮现了出来。组织的存在和运作需要个体成员行动的聚集和协作，提格公司的“职位描述”中有一点非常明确，就是要求设计助理与最底层监督一起工作，同时还须保持对独立的创造性思维与设计决策责任的宽广视野；另一点提及在内部组织外还涉及不同组织间的关系，除了内部的技术和沟通环节，还特别要求强调了客户的重要性，确保客户的设计和业务目标符合时间表与预

5 Mark Okely, *Design Management: A Handbook of Issues and Methods*, Blackwell Pub, 1990.

6 ［法］罗贝尔·勒格罗等：《个体在艺术中的诞生》，鲁京明译，北京：中国人民大学出版社，2007年，第96页。

算框架，最终能够实现客户的目标。个体对组织的适应性行为在不断的实践中获得改进。

从个人的专业技术到处理组织关系，从内部自我到外部组织，以提格公司所需的设计助理这样的知识结构看，对一个新人来讲，显然没有至少两年时间扎实的基础磨炼的话，完全是一项不可能完成的任务。提格公司在这一点上甚至明确提到其所需要的人应在交通设计方面至少有 2—4 年的工作经验。凡此种种，无疑为设计新人架设了高门槛。

处于这种位置的设计师，只有清醒地认识到自身的不足，才能够理性地面对其“隐匿”的身份，才能够甘于寂寞，并由此产生一种进行持续不断学习的心向。阿吉里斯的研究表明，“心理健康的个体会沿着一定的路线发展（比如，朝着独立和活跃的方向发展）。这一假定来自个人需要找到表达自己特别成长趋势的方式（比如，需要自我实现）”。[7] 设计师无须怀疑自身的“隐匿”状态，好高骛远不同于心存高远，踏实的心态最为重要，如果为名利所驱使而丧失最基本的道德底线则更为可悲。柏拉图曾经说过，“我们要接近知识只有一个办法，我们除非万不得已，得尽量不和肉体交往，不沾染肉体的情欲，保持自身的纯洁”[8]。因此，保持灵魂的高贵应该成为设计师必须考虑的，并不因为身份的“隐匿”而“隐匿”，这一指导性的意见对于设计师自我心灵的建设有着重大的意义，它意味着“隐匿”是通往获取知识道路上的必由之路。此时，“隐匿”成为各种意义扭结、交织的发生场，个体的身心发展是一个观察的重要视角，身体不仅是一个历史文本，它还铭刻着许多有价值的信息，设计新人的隐匿期正是自我价值的积蓄期。

第二阶段：商业领域中设计师的“在场”或是“隐匿”（一种不确定的走向）

对设计意义的追问，对自我身份的定义，从进入设计行业的那天起，设计

7 ［美］克里斯·阿吉里斯：《个性与组织》，郭旭力等译，北京：中国人民大学出版社，2007 年，第 137 页。

8 ［古希腊］柏拉图：《斐多》，沈阳：辽宁人民出版社，2000 年，第 13—17 页。

师就试图以恰当的回答方式来安抚自己的内心。自我身份究竟是以什么样的文化期待为基础，这一关于自身的合理性问题现在已经不可回避，因为设计的重要性在今天的社会中从消费大众、企业到政府部门都已经意识到。三星公司在1998 年末平稳地渡过金融危机之后，在负责全球营销的副总裁埃里克·金（Eric Kim）的带领下，正是通过"完善了三星'设计为先'的发展战略"[9] 而在市场竞争中重获生机，这也是继三星董事长李健熙宣布将 1996 年定为"设计革命年"，以及"'设计'被定义为三星的核心战略"[10] 之后的进一步发展。设计如此重要，因此设计师在构建自我身份时必须有信心面对设计构建文化这样的核心问题。

因为有这样的思考，物品——被设计师灵魂所裁制的设计——才会慢慢显现出它们的身影；设计师的话语所想要表达的，至少可以部分地在物品中找到自我假设答案的一丝线索。这是设计师与设计物同在的一个层面，人与物在文化期待中达成统一。

"其实一切文明都是由物质的东西构成的，没有物质的文明是不存在的。所以可以设想，设计的文化意义是可能由其产品被不同的文明所分配、占有和使用来赋予的。"[11] 从物品的设计、生产和销售并最终转移到消费者手中，"人类将无生命的和未加工的物质转化成工具，并给予它们以未加工的物质从未有的功能和样式。功能和样式是非物质的：正是通过物质，它们才被创造成非物质的"。[12] 今天，这个过程在一种"物质文化"和"消费文化"的挟裹下迅速蔓延开，过程复杂且难以捉摸，但结果正被包围我们的日常的设计一遍遍地强调——我们的生活就是设计物"在场"的确凿证据。设计师则隐藏在物品背后，打量着我们的衣食住行，这时设计物品已经与消费者同时在场，而设计师可能对于消费者而言还处于"隐匿"状态。"当那些个体承认他们是平等的，进而要求自主和独立时，他们便从隶属体中显露出来，使自己丧失隶属体的特点。"[13] 具有这

---

9 马克·德莱尼：《设计管理改变三星未来》，叶可可译，《IT 经理世界》，2007 年第 5 期。
10 同上。
11 莫里约·维塔：《设计的意义》，何工译，载于《艺术当代》，2005 年第 5 期。
12 [美] 马克·第亚尼：《非物质社会：后工业世界的设计文化与技术》，滕守尧译，成都：四川人民出版社，1998 年，第 9 页。
13 [法] 罗贝尔·勒格罗等：《个体在艺术中的诞生》，鲁京明译，北京：中国人民大学出版社，2007 年，第 100—101 页。

样思考的一批设计师自觉不自觉地走到了台前，接受大众的膜拜，而另外一些则仍然保持“隐匿”的身份，当然有些人可能并非出于自愿。消费者在选择物品时，间接地面对了设计师，会对设计师趣味的好恶做出自己的判断，而通过这些也成为接受者反观自我的药引，透露出其隐藏的文化特征。这时的设计物和设计师在他者的心中同时留下了“在场”的印记，是一种混合的文化记忆。

这个阶段的设计师已经嵌入组织当中，恰如海德格尔所说的，“历史性人的整个行为，无论被强调与否，无论被理解与否，都被协调着，而且通过此协调被扬升到整体性存在的层次”，[14] 这反映出设计师与组织形成有效的协调机制、相互制衡的内在逻辑关系。苹果高级设计副总裁乔纳森·伊维（Jonathan Ive）曾表示，“要做出全新东西需要组织从许多方面做出重大的改变”[15]，从这样一家在全球具有领导性的公司所透露出的信息中可以看到，设计师已经在某种程度上主导组织的结构和发展的方向。而这种影响力来自设计，设计师唯有靠自己的设计说话，才能够树立“积极的权威”身份。同样的事例是，1929 年罗维开始工业设计时，已经经历了整整十个年头的“学习期”，所谓“十年磨一剑”，这“一剑”指向的就是设计的创造力，正是因为他在专业上的不断探索，其行为才能够在内部组织中渗透出感召力，才使其心智获得了今日的广阔场所，这体现在他于 1933 年和 1935 年进行的两次公司扩张，从人员到空间都是当时设计公司中最具强势地位的。从罗维发展的特殊性中，我们需要抽离出他所具有的普遍性。也就是说，我们需要再一次强调设计是一门专业化的职业。作为设计师，我们必须清醒地认识到——尤其在今天这么一个空前专业化的时代，个人唯有通过严格的专业化训练才能够在行业、设计公司、公司的设计部中获得立足的根基。

还有一点需要注意，对设计师来说，具有某种必须努力以达至完美的意识显得尤为重要，这样一种确定感会在工作中的每一个细微之处显露出来，这些对于个人来讲看似不起眼的细节其实已经决定了设计师的未来所能到达的高度。

---

14 ［德］马丁·海德格尔：《存在与在》，王作虹译，黎鸣校，北京：民族出版社，2005 年，第 142 页。
15 http://www.jonathanive.com

成功是一种习惯，我们很难想象一个连小事情都办得不好的人在被委以重任以后却能够达到成功，因为他的不拘小节或者是不负责任的自圆其说，令很多要求会在执行的道路上夭折或被篡改。而恰恰是这些无法到达的指令造成了最后结果的走样，甚至毁掉所有参与者的劳动，这显然是对组织中其他成员劳动的不尊重。因此，反过来，这样的人如何会得到别人的认同呢？如果连起码的信任都没有了，又何谈威信的树立呢！局部的完美才可能促就整体的完美，专业技术是和高品质联系一起的，因此，在这个阶段，除了专业上要求的提高之外，更重要的是一种行为态度的磨砺、一种精品意识的铸就。在组织中权威的树立不仅需要制度的支撑，组织中的他人如若是“非凡的献身于一人以及由它所默示和创立的制度的神圣性，或者英雄气概，或者楷模样板”，那么整个群体才能形成一种内在的、稳固的聚合力。处在这个阶段的设计师如果仅仅是专业上的精进，那么已经显得单薄，而人与人之间的沟通、协调等组织均衡所涉及的问题都应该纳入思考的范畴，“组织均衡是由控制群体来维持的，他们的个人价值有很多种，但是为了实现个人价值，他们承担着维持组织生存的责任”。[16] 更加丰富的知识系统无疑有助于设计师在组织中的全面“在场”。

就多数设计师来说，至此高度已经相当完美。然而，得到专家权威的认可固然重要，但同时在商业领域以最直接的货物交换方式体现出自己的价值则更加具有普遍的说服力。在所谓的社会“合理化”过程中，则是追求“效率”最大化这样一种“可计算性”“可预测性”“可控制性”的过程和结果[17]。这种曾经遭到禁闭的欲望被商品化的强大力量摧垮了，围绕着物品所展开的是设计师精心的规划、设计和表现。设计师的“隐匿”或“在场”首先取决于个人看待设计文化的深刻程度——以此为基础，而在商业环境要获得消费者的认可对设计师来说是一个更大的考验，因为对一种集体审美意识的把握和表现绝非易事。因此，有些设计师脱颖而出，而有些依然寻求一种被接受的可能性。必须澄清的是，我们说设计师处于“隐匿”的状态，并非是对设计师价值的贬抑，多数情况下取决于企业自身的策略，比如有些公司只是推广公

16 ［美］赫伯特·A. 西蒙：《管理行为》，詹正茂译，北京：机械工业出版社，2004 年，第 139 页。
17 ［美］乔治·里茨尔：《社会的麦当劳化》，上海译文出版社，1999 年，第 16、18、129 页。

司的品牌，并不以设计师品牌作为企业未来发展的方向；又甚或只是出于设计师本人的生存哲学或是生活态度使然。关于这一方面内容，我们还会在后面做进一步的探讨。

人们可能会经常担忧由于设计的推波助澜而加速物欲的侵蚀与消费主义泛滥，但如果让“能否在道德规范中获得普遍化的合法性”这样的警示成为设计师不断提醒自己的声音，那就没有什么好担忧的。这也是对设计师最基本的一种伦理要求，因为已经呈现的设计物相对于设计师是稳定的、系统的，但是设计师本人的情感则是流变的、因人因时因境而异的。这样，阶段性的“可控性”“可预测性”可能会陷入某种欲望扩张的困境。人的欲望、能量和意志本身并没有对错，错在设计师已经忘记了自己的职业伦理道德。“在这其中，视觉设计艺术为商业与商品宣传所起到的作用将是十分值得怀疑的，因为这里是将‘艺术’与‘市场’结合的第一接口，从这里引入什么也就决定了艺术将如何作用于商品经济的方向和性质。”[18]

“对于设计师，或者更确切地说，是对于生活在‘第三次浪潮’社会中的每一个人来说，如果他们想要迎合和实现消费者的愿望和美好梦想，所面临的第一个挑战就是去发掘现有产品潜在的新优点和新性能，随后，再去寻找新的市场环境中最确切的有效传播方式。”[19] 这是处于第二个阶段的设计师所普遍认同的观点，在其驱动下的设计实践因为围绕这两点来展开，从而能够获得组织和商业最大范围的认同。

设计师当然试图将自己的所指同步延展于所有社会场域，以实现自我价值的最大化。从物质形态到精神世界的穿越并非某单一力量所能运作，当个人有能力提出如斯丹法诺·马扎诺（Stefano Marzano）[20] 为飞利浦所制定的崇高目标——“提高人民的生活质量，促进个人、自然和人工环境的和谐”[21] 时，他将面临从组织、商业到社会的重重考验。

18　许平：《视野与边界》，南京：江苏美术出版社，2004 年，第 192 页。

19　飞利浦设计集团：《飞利浦设计实践：设计创造价值》，申华平译，北京理工大学出版社，2002 年，第 11 页。

20　斯丹法诺·马扎诺自 1991 年起担任飞利浦设计行政总裁及首席创作总监。

21　飞利浦设计集团：《飞利浦设计实践：设计创造价值》，申华平译，北京理工大学出版社，2002 年，第 11 页。

第三阶段：社会中设计师的“在场”

在第二章中，我们看到设计师在 20 世纪中叶呈现出的全新形象，一种新的角色形象也在公众范围获得了广泛的认可。这是一个群体的集体“在场”，20 世纪的设计先驱们在历史的演进中也证明了个体自身。从微观的个人角度来考察，他们在 OBS 框架结构中，从组织、商业和社会三个层面都获得了广泛认同，而这是在罗维个人的设计生涯中对于创造的最好的展现。

在今天谈论设计师，大众是将其视为一种设计文化的代名词，“这个有些模糊但是并不虚幻的概念”——设计文化，“涵盖了设计规则、现象、知识、分析手段以及在设计具体作品时必须考虑的超越基本功能的更多的因素”。[22] 消费者购买和使用的设计物是“在一个比以往更复杂、更难以捉摸的经济和社会模式中被生产、分配和使用的”[23]。设计物的文化特征附着有设计师个人对认识文化、社会和政治环境的自我审视的痕迹，以及个人的审美伦理取向。设计师的这种自我身份以形象视觉符号不断地重复，能够唤起消费者心中强烈的情绪和美感，设计师以视觉符号的物品为媒介与消费者之间形成对话，由此感知到双方都参与对审美的、伦理的经验分享和交流。所指的意义超越物质化而独立存在，设计师作为这一意义的符号铭刻在消费者的心中。

设计师所获得的这样一种普遍的认同，是通过构成我们日常生活的物品——从住宅、办公室到公共空间——与使用者和用户之间的“自然合成”来实现的。从欧瑞尔（Tufan Orel）[24] 对消费社会和有用物品的分析中可以隐约看到，设计师获得这一普遍价值的突破口在于对设计物品恒常的构成背景（功能圈）的打破，这样才使得工业产品走向文化性或“仪式性”。

通过对罗维最具影响力的、贯穿 20 世纪 20 年代到 70 年代作品的阅读，可以看到其中的共通之处就是设计已经不仅仅限于功能性、物质性，都想要建立一种具有普遍意义的设计观念，比如对日常的反思、对环境的关注，以及某种超

22 莫里约・维塔：《设计的意义》，何工译，《艺术当代》，2005 年第 2 期。

23 同上。

24 Orel Tufan. “Designing Self-Diagnostic, Self-Cure, Self-Enhancing, and Self-Fashioning Devices”, Richard & Victor Margolin, *Discovering Design: Explorations in Design Studies*, University of Chicago Press: Chicago, 1995.

越意识之外的美，具有一种设计文化的思考性，就算莫里约·维塔对此持有怀疑，也不过是想强调“理论对一个文化范围所起的引导作用对另一种文化也许是误导”，[25] 是不同文化之间的冲突，并非对设计所构建的设计文化的否定。怀疑无法否定设计文化的存在已经成为一种显在，并呈现多元化的景象。顺着这样的文化阶梯登上山顶的设计师，将设计、生产、流通和使用等种种现象归结为一种符号沟通手段，最终是要帮助消费者也能登上山顶，达成一致的境界。赫伯特·西蒙认为，在很大程度上，对人类的最恰如其分的研究来自设计学科。设计学科不仅要作为一种技术教育之专业部分，而且必须作为每一个接受自由教育（人文教育）的公民所应学习的核心学科。[26] 显然，文化思考不能只是少数人的专利，如果能够达到如赫伯特·西蒙所期望的那样是每一个公民必要修炼的话，设计师的存在才具备广袤的土壤。而像罗维等一批先驱设计师似乎深刻地了解这一点，在他们的设计活动中，互动性、参与性成为他们设计观念渗透得最直接、也最亲切的方式。他们设计的意义已经摆脱了传统、当代、不同文化和不同美学态度的妥协者的角色，而是协调者，潜意识中还带有一些破坏性。

在设计师存在的第三个阶段，人造物作为设计师与使用者之间的连接，所产生的关系已经不只是简单的看与被看、欣赏与被欣赏的关系，也并非一种简单的商业关系。对今日实际的主体建构，文化表征的运作以及视觉实践之间的关系进行分析，揭示了人类文化行为尤其是视觉文化中看与被看的辩证法，揭示了这一辩证法与现代主体的种种身份认同之间的纠葛。正如居伊·德波（Guy Debord）所说：“消费时代不仅意味着物的空间积聚，而且意味着一种前所未见的消费文化的形成，从物的生产到物的呈现再到主体的购买与消费，这一系列的过程不再停留在单一的、物的使用价值和交换价值的实现，而是物的符号价值的生产和消费，是物在纯粹的表征中的抽象化。”[27] 这是一种自觉或不自觉的审美关系。如拉康的镜像理论[28]，通过设计的人造物所产生的一种镜像，使用者对镜中之“我”的重现确认和理想化的过程，是一种自我的“完形”过程。

25 莫里约·维塔：《设计的意义》，何工译，《艺术当代》，2005 年第 2 期。
26 Herbert A. Simon, *The Sciences of the Artificial*, The MIT Press, 1996.
27 Guy Debord, *The Society of the Spectacle*, http://www.bopsecrets.org/SI/debord
28 拉康（Jacques Lacan, 1901—1983），当代法国著名的精神分析学家和魔幻式的原创性思想大家。

设计师必然在其中承担着一种主动的引导性。在自己的观看和他者的凝视之间，凝视与其说是主体对自身的一种认知和确证，不如说是主体向他者的欲望之网的一种沉陷。凝视是一种统治力量和控制力量，是看与被看的辨证交织，是他者的视线对主体欲望的捕捉，而捕捉的对象显然是预先设定的。

设计师的自我身份及其所涉及物品之间形成的一种可见性与不可见性、外在性与内在性、“隐匿”与“在场”等，都被编织在一起。因此，设计师的存在，表现为一种自我精神的塑造，最后是一种价值的“在场”，设计师本身则成为一种“隐匿”的存在了。对投射其精神观照之人造物的显现，多是一种自我评价之后的结合体，附加了他者的阅读经验，而这些阅读经验部分地是由设计师的影响力所决定的。

设计师自我身份的强有力的确立，是在不断的实践中，处在现象与本质、理性与经验、文化与自然、物质与精神……这样一种生产机制中不断的自我反省，最终得以建构。通过这样的二分，才使得设计师的主体存在获得内容上的纯净和形式上的可能性，并进一步确证了主体的中心地位。之所以说这种等级二分是一种表征性的实践，乃是因为它一方面认为设计物的存在是一种现象的本质特征，物是精神的表征、感觉是理性的表征；另一方面，又认为在这众多的对立项之间存在着一种同一性的关系，正是这种等级／同一的关系，保证了作为主题之真理的一方既相对于现象的本质、相对于肉体的精神，又相对于感觉的理想的源头性、开启性、可知性以及可见性。

消费的过程是意义化和沟通的过程，但已不是设计物品的视觉形象，而是转换为消费主体的形象。鲍德里亚在谈到艺术品的机械复制品所处的状况时，认为复制品不可能触及艺术品的存在，它使艺术品的即时即在性丧失了[29]，我们同样可以说，机械复制消解了设计的唯一性。认识活动在本质上是主体对于对象信息的获取、储存、加工和重组的过程。而这一切都是建立在消费者对事物的现实状态以及现象背后的特征这样一个文化符号系统的认同的基础之上的，通过这个可视的文化范畴并且稳定符号系统来展示自己。主客体间的关系是内在的，是一个自为的系统，这超越了产品的功能性，而是自身投射到外在物品

29 ［德］瓦尔特·本雅明：《机械复制时代的艺术作品》，李伟等译，重庆出版社，2006 年。

上的镜像，产品被复制那一刻意义的丧失，恰恰成就了设计物品唯一的自我属性——设计师与消费者构成一种对话关系，由此主客体的关系呈现一种动态的相互转移的平衡。

“身处一个物质占主导地位的世界——物质的抽象影像有个明确的目的，那就是或多或少地以可理解的方式表达现实的社会关系——设计者的功能成为矛盾所在”[30]，消费者有关产品的所有思考都与设计师的设计实践和设计理论有明显而直接的联系。“一方面，从反映的意义来看，设计者确实和他们设计的客体一样享有着中心地位；另一方面，尽管设计者的文化特性如今已被赋予了重要性和获得了声望，但是这些文化特性却有与被设计客体功能的贴切程度的脆弱性和成为浅表流行文化注脚的风险。”文化特征以一种混合体的面目呈现，而在价值判断上显然表现出的是设计者的个人格调，或者说是人格。“这样就不难解释为什么只有那些经典设计大师的作品才能留下一个影响文化而不是单纯受制于文化的形象”[31]，为何只有少数设计师能够到达这一层面。消费者始终还是处于一个被动接受者的位置，对产品的革新和再设计在今天实际上仍然是由设计师们来主导的。处于这一阶段的设计师之所以居于中心位置，是因为具备强烈的社会责任感，在此基础上才能够承担表达在这种转变背后起影响作用的文化、审美或符号价值的任务，“进而在社会中占据特定的位置，并履行和这一位置相称的角色”。[32] 在各种意识的交汇地，为了使“人—形式”[33] 能够显露或浮现，存在于设计师的力量必须与极特殊的域外之力结成关系。

30 莫里约·维塔：《设计的意义》，何工译，《艺术当代》，2005 年第 2 期。

31 同上。

32 ［美］拉尔夫·林顿：《人格的文化背景》，于闽梅等译，桂林：广西师范大学出版社，2007 年，第 24 页。

33 有关“人—形式”的论述可参阅［法］吉尔·德勒兹的《德勒兹论福柯》，南京：江苏教育出版社，2006 年，第 133 页。

创造力与身份的完整实现：雷蒙德·罗维的启示

我们发现雷蒙德·罗维的个人发展轨迹完全可以置放在 OBS 这一预设框架中去加以考察。

在第三章中我们梳理了罗维从其出道以来一个大致的发展轨迹，“隐匿”与“在场”以一条清楚的时间线索呈现出来。在 1928 年以前，作为罗维个人发展的第一阶段，我想恐怕没有人会知道罗维是谁——他的名字和业绩不被设计圈（设计师作为一个全新的职业，罗维本人就是缔造者，设计师这一群体的形成也是在他和提格、格迪斯及德雷夫斯等人的共同努力下得以形成，而这是二十年后的事情了）所知晓，在更为广泛的社会大众中就更不可能有他的“在场”了。

在第二个阶段，其专业化的日益精深在自我身份的构建下获得了一种充分的确实感。但不可避免的是，专业领域的成功要获得商业领域认同是充满挑战的——个人专业上的建树要实现从专业圈转至普罗大众的接受，因其范围的扩大以及人群结构的分散，必定具有相当的难度。在这一阶段，我们可以看到，罗维在不同行业间的设计实践每每都会有上佳的表现，而且每一次的设计都能为制造商带来丰厚的利润回报，其中最为人所称道的就是基士得耶复印机和为西尔斯公司设计的“冰点”冰箱了。商业上的巨大成功使得罗维在一批制造商的心目中成了能够点石成金的圣手，这样一来所产生的设计与产品、设计与企业、设计与消费者的关系就在设计师创造力的作用下形成一个有机的统一体，设计和设计师得以确立其自身的合法地位和身份。虽然罗维与公众还处于一种隔离的状态，但显然的是，原本默默无名的罗维通过其创造力的散发，在原来陈旧的产品形式和内容之间做出了一种全新的陈述。这种反传统的设计手法也吸引了大批心同此道的人，为最初形成的专业设计群体带来惊喜和震撼。通过其不断的推广，罗维作为一个个人化的品牌逐渐在专业圈和制造商群体中确立了自我的身份，在这样的场域中得以“在场”。

以登上《时代》周刊为标志，我们看到处于第三阶段的罗维的影响在整个社会的范围迅速蔓延，从更为广泛的社会范围来看，设计确实获得了更多人的认同。我们有理由相信这是设计的胜利，这意味着有更多的人被罗维的个人魅力和精神所吸引。如同村上隆（Murakami Takashi）所发出的“向世界提出独一无二的自我核心价值”[34]呼号一样，全世界只有一个罗维，能够坚持三十年不断地将自己的真实思考转化为设计物不断地说服大众，极为考验设计师的心智，正是他的“新”与“特”成为其成功的关键，更为重要的是，设计这样独特话语在消费社会的放大。设计师本人得以全面的“在场”。

我们在第三章对罗维三个阶段从“隐匿”到“在场”所抽离出的“创造力”问题加以分析，但问题主要集中在设计师个人的创造力方面，也就是说在一个创造力的系统模式中。我们还就个人方面展开了讨论，但在专业（符号系统）和业内人士方面并未展开，而这正是本章需要解决的问题。人（设计师）和意义（创造力作为其中的重要构成项）或集合或独立的“隐匿”与“在场”，是针对商业系统而出现的存在形态，在 OBS 这样一种立体的交织体系中，创造力是贯彻始终的，因此它必然会呈现出更加丰富的形态。同时我们发现在第二阶段逐渐凸现出来一个重要的问题，就是信任和说服的关系，在这一节中我们也将展开讨论。当罗维个人的发展达至第三个阶段时，我们注意到有关责任和伦理的社会问题成为设计师最重要的关注点。下面我们将对呈现出的三个关键问题加以讨论。

创造力的扩展

创造力是伴随设计师设计行为始终的一个核心问题。罗维从第二阶段开始正式成为工业设计师以后，本书试图为他的职业生涯勾画出一个由“产品的创新”（有关这一问题有相当程度涉及的是设计师个人创造力的问题，我们在第三章已经有过讨论）、“组织的创新”和“商业的创新”搭建而成的三维立体模型，而这个模型的轴心就是“创造力”。接下来，我们就创造力是如何从具体的技术层面扩散至体制层面做一些讨论。

34 ［日］村上隆：《艺术创业论》，江明玉译，台北：商周出版社，2007 年，第 144 页。

创造力问题的分析

关于创造（Creativity），人们常要发问：创造究竟是什么？有“创造力之父”之称的 E. 保罗・托伦斯（E. Paul Torrance）同样提出一个熟悉和循环的问题：什么是创造力？因此，在思忖一种与诊断创造性发展相关的问题之前，反思一下对创造力的界定是有益的，至少，可以有一个明确的术语范畴为讨论设定语境。

托伦斯[35]认为创造力是敏锐察觉问题、缺陷、知识断层、欠缺环节和不和谐的过程，这个过程能发现问题，寻找解答，提出猜测，并为这些问题形成假设的理论。然后再检验这个理论，修正后再度检验，最后把成果传达出去。作为心理学家，托伦斯将创造力与做梦进行了一个比较，发现创造力和做梦有相似之处，梦有时会发现问题，进而寻找解答，测试假设的理论，最后把结果传达给做梦者，而我们也发现创造性有时就在梦中。魏斯伯格（R. W. Weisberg）认为以新反应解决眼前的问题，就是有创意的解决方式。所以，我们也可以在创造之梦的范畴里，加入帮助做梦者解决问题的梦。荣格曾说梦就像舞台，做梦者是其中的场景、演员、提词人、制片、编剧、观众，以及评论家。[36]

创造的能力，制造原创的事物，做出变化，引入新的事物都是适当的描述，我们还可以从更多外国的描述性语言来观察创造性：[37]

创造是走向卓越的最有力的因素。

产业经济让位于创造性的经济。

对于 21 世纪的企业来讲，最重要的影响力是观念力量的增长。

打开盒子并不重要，重要的是带来新盒子的人。

35 E. 保罗・托伦斯（1915—2003），美国心理学家。可见佐治亚大学（The University of Georgia）对其的评价 http://www.coe.uga.edu/coenews/2003/EPTorranceObit.html。

36 [美] 克里普纳、柏格莎朗：《超凡之梦：激发你的创意与超感知觉》，易之新译，成都：四川大学出版社，2008 年。

37 Martine Plompen, *Innovative Corporate Learning Excellent Management Development Practice in Europe*, New York, Palgrave Macmillan, 2005, p163.

资金并不缺乏，缺乏的是好的想法。很可能股东会丧失掉一些权力，当企业家和产生想法的雇员获得权力的时候。

信息时代依靠的是个人大脑中的想法和技巧。

你不能依靠削减成本而踏上通往未来的道路，最终，通往未来的路是依靠创新。

创新的能力已经变成了获得竞争优势的关键。在创造研究这一领域，我们看到不同的学者都站在自己的立场发表了对创造性的看法，但创造性的工作在原创性和有益性上都具有高品质，则是对创造性定义所达成的共识。

美国著名的心理学家米哈伊·奇凯岑特米哈伊则跳出对“创造力是什么”的追问，转而提出“创造力在哪里”，他认为，我们不能单独定义“创造力”，而必须整体考虑“个人”“业内人士”和“符号领域”所交织的系统脉络。因为“创造性并非在人的头脑中发生，而是在人的思想和社会文化环境的相互作用中发生。它不是一个个体现象，而是全方位的现象”。[38] 例如，罗维的设计为什么具有创造力？这并不是罗维创造一个自认为有创意的作品（变异），而是业内人士当中，至少有部分守门人（Gate-keeper，如企业家、制造商、工程师等），肯定了他的设计（选择），认定此作品具有创造力，这样的作品才得以保存在设计领域，成为 20 世纪经典创新设计作品。如果罗维设计了一件自认为很有创意的作品，但整个相关业内人士和商业系统都不认为有创意，该设计也就成为一纸空文，终究无创造之力量的发散。这样的系统演化观点，认定的创造力都是指社会文化层次，但并不否认个人的创造力。

关于创新（Innovation），《牛津英语词典》定义的是，“新奇事物的引入，通过新的原理或形式的引入所确定的改造。任何事物在本质或是形式上所发生的变化、新事物的传入、一种新的实践或者方法等”，这是一个具有普遍性的宽泛的定义。之所以这样说是因为有学者认为，“创新是使用新的技术和市场知识以提供消费者以新的产品和服务”。[39] 与《牛津英语词典》的创新定义

38 [美] 米哈伊·奇凯岑特米哈伊：《创造性：发现和发明的心理学》，夏镇平译，上海译文出版社，2001 年。

39 Allan Afuah, *Innovation Management Strategies, Implementation, and Profits*, New York, Oxford University Press, 1998, p4.

相比较，我们注意到，后者将创新与市场和消费者联系在了一起，具有明确的针对性。

“创新”这一术语是指做事的一种新方式，指在思想、产品、过程或组织的、增量的、激进的、革命性的变化。通常在发明（取得了明显的想法）和创新（想法成功应用）之间有明确的区分。在许多领域，新的东西必须完全不同于创新，而不是一个微不足道的变化，例如，在艺术、经济、商业和政府层面的政策。在经济学中的变化必须增加价值、顾客价值，或生产者的价值。创新的目标是积极的变化，使某人或某物更好。创新所导致的生产力的提高，是在经济中增加财富的最根本的来源。

创新在研究经济、商业、科技、社会学和工程学中是一个重要课题。通俗地讲，创新往往与过程的输出是同义词。然而，经济学家往往把重点放在程序本身，从想法的起源转变成有用的东西、它的执行情况，以及系统内创新发展的过程。因此创新也被认为是经济的主要驱动力，尤其是当它导致生产力的提高，各种触发创新的因素，对于决策者而言也被认为是至关重要的。

在安德烈·梅奥（Andre Mayo）的《企业中人的价值》一书中，将创新进一步细化，包括：[40]

组织中的每一个人都能够接受变化并且准备就绪。

为持续的过程改进贡献力量。

试验和探索新的工作方式、新的供应商和新技术的愿望。

热心向他人学习。

创造新的市场和消费者。

建立新的关系和联盟。

为市场构建新的途径：渠道和定价策略。

针对组织、管理和性能测量提出新的和多样的方法。创新本质上涉及改变，并且这可以被应用于由某一组织提供的产品和服务，以及创造和提供的产品与

40 Martine Plompen, *Innovative Corporate Learning Excellent Management Development Practice in Europe*, New York, Palgrave Macmillan, 2005, p163.

服务（过程）的方法。[41] 一个汽车的新设计和一个新的汽车一揽子保险方案都是产品创新的例子。制造方法、制造汽车的设备使用、新办公程序和一揽子保险方案的发展顺序等都是创新过程的例子。

创造与创新以及发明的区分明确了创造和创新往往是有益的，能够使我们对自己的思维和行为有一个更科学和客观的判断，有利于设计实践中对创造的潜在力量做最大程度的激活。创造和创新意味着不同环境中的不同事物。

泰勒（Irving A. Taylor）在《创造性过程的本质》一书中将创造力划分为五个层次：原始的和直觉的表达；理论的和实践的层面；发明层面；创新层面；天才层面。[42] 我们看到创新位列第四，是较为高级的层面。创造是在一个思维的层面，而创新是在一个实践层面，创新是创造力的具体化。前三个层次的创造力，任何有动机的人，以及那些从头到尾都对项目和想法持续关注的人，都可以达到。而后两种层次并非人人都能达到，除了那些拥有天赋创造性的人，或是天生具有创造性的天才。在创新层面的艺术家、作家、音乐家、发明家、思想家更强调原创性。不同寻常的材料和方法被引入，现在的创作者突破了界限，理论或灵感的基础仍然导向这些创造性成就的无意识想法的潜在结构。

创造通常指产生新思路、办法或行动的方案，而创新是在一些具体环境中，产生和运用这些创造性想法的两方面的过程。从前述有关创造和创新的定义中，我们注意到，创造更强调的是一种理论性的思维活动。如托伦斯的“假设的理论”是一种隐性的、内在化的、非常自我的活动，较之于创新基于一种支配性的地位。而创新则更具体化，它指向了一种实践的、外在的表达，强调的是“实践”或者“方法”。有些学者更进一步将此概念具体化到社会化的层面，“输出”成为其同义词，这就形成了一种与物质世界的交换关系。“创新”带有方法论的色彩，提出“怎么办”的问题，而“创造”则是“一个个尽可能展现完备之意义妥当性的概念单位”，意味着一种“思想试验”。[43]

41 Tidd. J, “Complexity, Networks & Learning: Integrative Themes for Research on Innovation Management”, *International Journal of Innovation Management*, 1(1), 1—31.

42 http://www.uwsp.edu/education/lwilson/creativ/levels.htm

43 ［德］马克斯·韦伯：《社会学的基本概念》，桂林：广西师范大学出版社，2005 年，第 17 页。

创造与创新二者之间的关系是互相依存、互相影响、互相补充的，有一定的层级关系，并在具体的实现物质形态中获得了统一。就具体某一个有创新的设计物而言，必然是一定创造性的体现，而这一创造性的观念是借助于一定的方法得以实现，我们可以说这样的方法是创新。

在对创造与创新加以区分后，我们进一步再厘清对创新和发明之间做出清楚的区分是重要的。根据英国专利代理特许机构（Chartered Institute of Patent Agents）的解释，“发明”的概念是指，“全新的事物，以前从未想到过的事物，并非显而易见的”。因此，发明对世界而言是全新的创造，并未涉及现有产品的发展、过程或者系统。电灯泡、数字手表、圆珠笔、微波炉和电话都是发明的例子。然而，革新过程也包括发展和再设计现有的产品，因此发明可以被描述为“创新的组成部分”。发明强调首次的概念，即以前从来没有过的事物，“既可以是某种物品，也可以是某种方法”。[44] 发明通常与创造结合起来，比如我们说“发明创造”，这样因此在意涵上二者具有同一性。因此我们可以说，发明创造是指新技术的发现，而创新则是将发明创造运用到经济活动中去。

组织的创新

“冰点”冰箱的巨大成功在罗维的职业生涯中是一个重要的转折点，不仅给他带来了丰厚的经济收入，其后的各类设计合同也随着罗维的名声大振而接踵而至。罗维清楚地认识到，要么自己完成所有的设计以保持设计水准的一致性，要么选择两至三个公司中最好的年轻设计师，将他们培养成为第一流的“设计师执行官”（Designer-Executives）。[45] 在当时，罗维必须做出决定的是：保持现在一个人决策的组织模式，还是采用业界权威所建议的意见成立一家规模更大、组织结构更加复杂的公司。罗维在对其身边共事的人以及工业设计师这一职业的潜力经过仔细分析之后，他选择了后者，1938 年，他开始扩展自己的

44 金吾伦主编：《创新理论新词典》，长春：吉林人民出版社，2001 年，第 60 页。

45 Raymond Loewy, *Never Leave Well Enough Alone*, The Johns Hopkins University Press, 2002, p130.

公司，并首先采取了三个步骤的行动方案：

1. 提拔三个关键人物到执行官的位置。

2. 雇佣第一流的商业管理人。

3. 建立一个公开的公共关系部门。

罗维给自己选定的三个合作伙伴是：A. 贝克·巴恩哈特（A. Baker Barnhart）——他是最早与罗维合作的设计师，他们共同经历了几乎所有的早期设计项目，负责所有的包装、产品和交通工具设计事宜；威廉·斯纳斯（William Snaith）——管理所有百货商店的业务；还有一个是业务经理约翰·布林（John Breen）。这么做的结果正像罗维最初所希望的那样，在作品的质量获得进一步提升的同时，也吸引了更多新的客户。每天早晨当罗维跨进他位于第五大道上以灰色和米色为主色调的安静的楼顶办公室时，通常已经有焦急的商人在等待他了。大约两年后，罗维又采取了补充步骤，主要的增补项目如下：

1. 增加技术员和工程师。

2. 创建模型车间。

3. 创建黏土和塑料模型部门。

这种以模型为基础的实践手段，后来贯穿在罗维大部分的设计活动中，它可以比图纸更加直接和具体地提供解决问题的方案。对公司结构及人事管理的逻辑性安排，也使进一步建立分支机构成为可能——罗维在芝加哥、洛杉矶、印第安纳州的南本德以及伦敦都开设了设计事务所，而他将自己的意志传递到远方的秘诀就是“权威授权”——不仅是“简化原则”的产品设计理念，同时也将他一直以来的商业执行和与客户密切互动这两方面的经验进行了严密的贯彻。

在公司的成长过程中，罗维选择合作的设计师尽管来自各行各业（不只是来自设计学校的专业人才），但他们都是些应变能力和沟通能力很强的人——这一点都与他们的老板十分相像。一个景仰罗维的竞争对手说：“如果你和其中的任何一个设计师相像，那么意味着你和罗维也很像。”[46] 与此同时，罗维

---

46 *Up From The Egg*, *Time*, New York, 1949.

也丝毫不掩饰自己的权威性，“我所负的责任是至关重要的，而且是清晰明了的”[47]。罗维在公司内部设定了不能变更和永久的基本规则，所有人都必须强迫遵守，这其中比较有代表性的有：

1. 在进行反复检查并最终确认方案的可行性和可操作性之前，任何设计稿件不得流传出公司的办公室，而对于那些未被采用的稿件要及时进行销毁。

2. 各部门管理者对贯彻罗维所制定的设计政策负有直接的责任。

3. 所有的设计作品和公关活动中只允许出现罗维个人的名字。这种以公司规章的形式传递出来的个人权威，充分反映出罗维作为一个管理者在正式组织的初级增长阶段关于“控制管理“的思索和实践。

1944 年，基于看到构建一项“大商业”的可能性，罗维决定再一次转变公司的组织结构模式以应对日益庞大的业务量和日趋复杂的内部管理。他将公司改制为雷蒙德·罗维联营公司（R. L. A），罗维表示这一改革是“对我身边的关键人物的信心和感激之情的表达”。[48] 这无疑给整个组织带来一种新的工作热忱，最大程度地满足了合伙人的需求。1949 年 5 月，该公司最终落实在了“封闭股权”的组织形式上，基本的架构分为四个部门：产品设计部、交通运输部、包装设计部以及专门建筑部（这个部门的运作划归到雷蒙德·罗维有限公司的名下，其构成仍然是同样的执行官作为合伙人）。

罗维从很早起就懂得用理性的正规组织（公司）来为自己打造一个可持续发展的创作平台的重要性——这在当时的设计师中是罕见的，也是超前的。通过这个各部门专业相对独立同时又有彼此关照的平台，他不仅有意识地将设计师个人的创造目标引向了组织的创造目标，而且开创性地实现了所有权与经营权相对分离——这在“减少正式组织与健康个体之间的矛盾”[49] 方面发挥了关键的作用，极大地激发了组织中的个人工作热情。罗维的过人之处，或许就在于他能敏锐地发现组织中“设计能力的最多化”的可能的解决之道。

47 Raymond Loewy, *Never Leave Well Enough Alone*, The Johns Hopkins University Press, 2002, p130.

48 Raymond Loewy, *Never Leave Well Enough Alone*, The Johns Hopkins University Press, 2002, p151.

49 ［美］克里斯·阿吉里斯：《个性与组织》，郭旭力、鲜红霞译，孙非审校，北京：中国人民大学出版社，2007 年，第 198 页。

他的经营管理策略不仅非常适应于20世纪30年代至40年代由于经济危机和第二次世界大战所带来的有关住房、生活用品和交通工具（以汽车为主）等商品发展的巨大市场需求，而且与设计活动日益向着“以使用者为中心，对有效产品、信息和环境进行开发、组织、计划和资源支配”[50]的发展趋势相符合，我们可以注意到，罗维关于设计师执行官的提法似乎与今天设计管理者（Design manager）这一角色有许多共通之处，但他的理念比法瑞在1966年提出的“设计管理”（Design Management）[51]的概念还要早了许多年。毫无疑问，罗维在公司组织方面的创新尝试提供了当代设计管理在最初实践层面的最佳案例。

商业的创新

当我们观察罗维的职业历程时，会发现他的发展曲线总是呈分段式的跳跃：例如他在到达纽约以后立刻就投身到时装插画——这个之前他一无所知的陌生领域；例如1928年，当罗维作为时装插画家成功地建立了自己的声誉时，他却突然全身而退，开始进入工业设计这个在当时来说还是一个完全未知的领域当中；即使在美国处于大萧条的时期，他也总是在寻找更大、装潢得更加奢华的顶楼空间作为办公室……这些异乎寻常的表现让我们看到罗维的“逆流而上、抓住机会、敢于冒险、注重环境”的商人性格的特质。

显然，罗维的设计活动背后一定存在着商业驱动力。第一次世界大战之后，“美国设计经历了一次空前的变革，民族主义的强烈复苏让位于创造独特的美国方式的决心，其反映是一种消费主义的机器时代。”[52]中西部的城市也开始像纽约曼哈顿一样兴建摩天大楼；西尔斯邮购目录提供了新的消费方式；福特T型车进入大众生活；从洗衣机到烤箱和收音机——家用电器成了日常生活的常规工具；同时，媒体舆论通过广播网络巩固了大众的生活观念，并且提供新产品

50 ［美］厄尔・鲍威尔：《设计管理的发展框架》，李砚祖编著，《外国设计艺术经典论著选读・下》，北京：清华大学出版社，2006年，第198页。

51 Farr, M. *Design Management*, Hodder and Stoughton, Warwick. 1966.

52 Edited by Jocelyn de Noblet, *Industrial Design Reflection of a Century*, Paris: Flammarion, 1993, p187.

和不断变化的样式的信息，形成一种新的统一的消费模式。罗维正是在这个时期来到纽约。

1929 年开始的大萧条时期，使人们停下脚步来重新审视自身的发展。各行各业的人都寄希望于商人能够通过平衡生产和刺激消费来恢复商品的流通。商人也开始注意到商业艺术家的作用，希望借助于设计来恢复市场的繁荣。罗维恰好在这个时候接手了基士得耶复印机的设计委托，这使他得以进入一个全新的工业设计的领域。罗维的顺势而动，显然是背后强大的市场需求和企业需求在发挥作用。可以肯定的是，并非只是商业机会的驱动促成了罗维的成功，我们看到的是罗维非常主动介入的一面——因为罗维的工程师专业背景使他很早就对工业产品造型十分关注，罗维刚到美国就曾经发出感慨："美国的产品样式粗俗……"

于是，当英国人西格蒙特——著名的旧式复印机生产商出现在他面前时，他很好地把握了这一机会，将自己的创造力充分展现了出来，在有限的时间和条件下成功改进了基士得耶复印机。在这个例子中，我们可以看到，"设计师"称谓的背后实际已经蕴含了市场的背景与其行为中的商业目的，而鉴于商业所赋予的设计任务通常是在一个有限的空间中展开的（在上述案例中，从时间到技术上都给罗维设置了障碍），由此可以激发出设计师内在更大的潜能，他会调动自身的所有知识储存、想象力以及体能来实现设计目标的完成（罗维在此发明出新的创造手法——黏土模型）。因此，我认为，对罗维身份的确认应当落实在"一个构建了正规组织的商业设计师"上面——他的商业拓展与他的设计创新密不可分。如果进一步以美国"创意经济"研究学者理查德·佛罗里达指出的目前创意产业领域的两个增长点——"专家思维"和"复杂的沟通"[53]的标准来看的话，那么，当时的罗维其实已经进入到了这样的领域之中——他既用"专家思维"来解决产品的设计问题，也以企业家的身份承担了与由生产商、销售商、消费者、大众传媒乃至政界所构成的复杂群体进行沟通的使命。罗维曾经说过："如果你希望我去承接'改进一台拖拉机'这样的大项目，那么很明显，其改进的空间非常广阔，因此我不会认为它是个难题。但是，如果你想

53 ［美］理查德·佛罗里达：《创意经济》，方海萍、魏清江译，北京：中国人民大学出版社，2006 年，第 32 页。

要我承接‘重新设计一枚缝纫针’这样的项目，我会收 10 万美元的设计费。毕竟，如何来改善一枚针的构造？它本身的功能性造型已经和鸡蛋一样完美无缺了。”[54] 从这番话中，我们可以明显地觉察出作为商人的罗维对于创造力和经济之间辨证关系的精辟的理解与诠释。

设计师的说服行为及顾客信任的建立

当设计师获得客户的信任时，其言其行自然就会有说服力。信任中隐含着被动性，而说服却具有主动性。设计师为了让自己的设计概念让人理解和接受，就需要说服他人，就像曼纽尔・卡斯特（Manuel Castells）在谈到一种共同体景致时，需要我们一起走过知识的旅程。[55] 而最终，信任和说服是一个统一的整体。罗维在他第二阶段的设计生涯中，与不同的商业伙伴的合作使信任与说服这一对关系问题浮现了出来。

信任问题

福山将信任看作是“在正式的、诚实和合作行为的共同体内，基于共享规范的期望”。[56] 关于信任问题，在设计师与制造商以及消费者的三角关系中，信任形成一种多边关系，每一个体都同时要对两个对象负责，而最终的集合点则体现在产品，更确切地说是商品上。因为有设计师的参与，产品渗入了设计师创造力的作用。

罗维曾举了一个例子，一些从事家具设计的人在面对家具行业虚假繁荣的破灭之后，就开始寻找别的出路，其中一些自恃有说服能耐的人，使客户轻信了他们的言辞而获得了设计委托，然后生产出大量低能的东西。在许多这样的案例中，设计是如此的不切实际，以至于他们的客户后悔不迭。这些人自认为

54 *Up From The Egg, Time*, NewYork, 1949.

55 ［美］曼纽尔・卡斯特：《认同的力量》，曹荣湘译，北京：社会科学文献出版社，2006 年，第 70 页。

56 Francis Fukuyama, *Trust: The Social Virtures and The Creation of Prosperity*, Free Press, 1996.

找到了一个挣钱的好方法，不想却毁掉了自己的事业。因为，他们违反了彼此间的规定，他们自动放弃了应该承载的道德重负[57]，最终，这种行为的价值贬损也割断了人与人信任的链条。

除了像德雷夫斯、范·多伦、瑞巴顿、阿伦斯、提格、沙科尔、赖特等人之外，罗维很愤慨地指出，有大约二三十名不切实际的商业艺术家、装饰艺术家等，就像他举例中的人一样，根本没有经验、品位、天赋，甚至缺乏做人最基本的诚实，居然称自己为工业设计师。这些人的搅局让消费者对本就不成熟的工业设计对这一新职业形成误解。在罗维看来，设计师的经验、品位和天赋是需要具备的基本素质，而罗维不忘强调的最重要的还是个人的诚实问题，这一在社会联系中人与人相互交往的普遍价值观念。

设计作为连接消费者和制作商的纽带，是一种非常重要的"社会资本"[58]，设计师需要面对来自两端的不同需求人群的信任。正如阿马蒂亚·森在谈到亚当·斯密的"人性和正义的恰当性"[59]的观点时认为，"斯密的理性人概念把一个人牢固地放在周边人群之中——放在他所属的社会之中"[60]，这正是罗维所强调的，这必然会对设计师自身的行为有所要求，而罗维所批判的那些人，其言行只会导致人们相互之间的信任感下降。这些不当的行为甚至让罗维担心工业设计的未来，"他们几乎杀死了处在鸟巢中的、我们正试图培养处于青春期的年轻专业人士"[61]。这些人在自身的团体中都无处安身，如何能够到达斯密所言的"主体的感情与旁观者的感情的统一和谐"？因此，设计师应该意识到，"一个人的价值判断和行为都顾及别人的存在，个人并不是与'公众'隔离的"[62]。罗维显然更进一步，他强调了设计师的主动参与性，他曾经说，"当我们的名单中拥有超过一百个活跃的客户时，我们设计的公正性可能会影响到数百万人的

---

57 ［英］弗兰·汤克斯：《信任、社会资本与经济》，载于李惠斌主编，《全球化与公民社会》，桂林：广西师范大学出版社，2003 年，第 354 页。

58 "社会资本"在福山看来，是一种从社会或社会的一部分中的普遍信任产生的能力。

59 ［英］亚当·斯密：《道德情操论》，蒋自强等译，北京：商务印书馆，1997 年。

60 ［印］阿马蒂亚·森：《以自由看待发展》，任赜等译，北京：中国人民大学出版社，2002 年，第 268 页。

61 Raymond Loewy, *Never Leave Well Enough Alone*, The Johns Hopkins University Press, 2002, p129.

62 ［印］阿马蒂亚·森：《以自由看待发展》，任赜等译，北京：中国人民大学出版社，2002 年，第 268 页。

生活”[63]，因此，我们应当看到，在与社会的交往过程中，设计中所蕴含的信任是基于设计师的创造，体现在设计物品之上，但其包含的绝不仅是造型的问题，同时还涉及功能、材料、工艺等，整体完美的设计才能获得消费者内心的信任，因此，设计文化所决定的信任，应该成为社会共享的伦理道德的产物。

1967 年至 1973 年间，当罗维受聘于美国宇航局并参与“土星一阿波罗”号航天飞船与空间站的设计时，他在模拟重力空间的前提下对太空站的可居住性所进行的全方位深入研究，无一不是按照“确保在极端失重情况下宇航员的心理与生理的安全与舒适”的标准来执行的。事实上，他的努力工作也让三名宇航员在空间站中生活了九十天后圆满归来。美国宇航局的一位负责人在给罗维的感谢信中写道：“宇航员在空间站中，居然生活得相对舒适，精神饱满，而且效率奇佳，真令人难以置信！这一切都归功于阁下您的创新设计。而这设计正是您深切理解人的需求之后的完美结晶。”[64] 由此可见，这种以“认识他人行为需要”[65] 为基础的创作动机能够让设计师在消费者心目中建立起“可以依赖”的正面形象，而当设计师的贡献在公共领域与私人领域、个人感情与大众关怀之间达成一致性时，消费者就会和他形成共同的信念和类似于亲缘般接近的关系。这种信任感和情感纽带在复杂的非个人交换形式中显得异常重要，信任问题与经济问题有特别突出的联系，在交换的过程中，如果信任缺失，很难保证交换行为还能继续。罗维公司持续成功的可能性在于保持其的高效率、实用性和现实性。最重要的就是在这些专业性之上彼此间建立起来的一种信任感，一些罗维的客户，特别是一些大客户，与罗维公司保持了十多年的合作关系，最长的纪录是与一家世界上最大的铁路公司的合作，持续了十五年。罗维非常自豪地说：“我们已经为自己建立了一种可靠的声誉和公正的判断。他们信任我的拍档、我的设计师，他们信任我。”[66]

---

63 Raymond Loewy, *Never Leave Well Enough Alone*, The Johns Hopkins University Press, 2002, p157.

64 徐蔓：《简单就是力量：从设计“好看”转向“易用”》，参见 http://news.xinhuanet.com。

65 有关信任的探讨可以参考亚当·赛里格曼：《信任与公民社会》，载于《全球化与公民社会》，桂林：广西师范大学出版社，2003 年，第 367 页。

66 Raymond Loewy, *Never Leave Well Enough Alone*, The Johns Hopkins University Press, 2002, p1129.

说服系统

当罗维与西格蒙特第一次见面时，西格蒙特似乎还在犹豫是否将复印机重新设计的委托交给罗维，罗维快速地描绘了一个速记员被一只脚绊到、文件到处乱飞的草图。这张图非常准确而且生动地将基士得耶复印机的缺陷视觉化，正是这张图使罗维获得了这个设计工作。这是在 1929 年，是罗维最早的工业设计作品，也是工业设计出现的最初日子。罗维常常使用草图的方式来提出他独特的观察视角，强调他为顾客所能做的。这就是罗维说服客户的方式。说服在于让对方理解你所阐述的观点，所以如何“发挥作用”需要一个相互理解的语境，不能仅是说服者的一厢情愿，“所谓发挥作用，就是调节参与者的行动，并带来重大的行为后果。”[67]

图 4-1　罗维描绘的草图，一种说服的工具。

1930 年，罗维开始着手为琥珀汽车公司设计汽车，罗维追求一种更现代的风格，但他的想法似乎有些超前了，当他有机会展示他的设计时，遇到了来自管理层的怀疑和抵制。这些想法的可行性和持久性等问题，使执行官犹豫不决，因为罗维设计的车身尺寸、挡风玻璃、汽车尾部、挡泥板等所有细节较之以前的车型有相当大的突破。罗维依然坚持自己的设计，即便在提出自己的设计时他已经知道，一辆没有他参与设计的车已经被考虑投入生产了。罗维这时做出了一个惊人的决定，既然公司不会构建任何他的设计，为何不自己做呢？获得公司管理层认可的可能方法就是让他们看到一辆真正的实车模型，而不仅仅是设计效果图。有了这样的思路，罗维就开始在一个标准底盘上进行手工制作，

67 [德] 尤尔根・哈贝马斯：《现代性的哲学话语》，曹卫东等译，南京：译林出版社，2004 年，第 229 页。

这辆车花费了几个月的时间，而且罗维个人投入了近两万美元，当工程师和高层管理者看到三维的实车模型时，他们决定采用罗维的设计。通过这则事例我们看到了罗维在设计过程中所面对的障碍，通常多数人遇到此类状况可能开始抱怨甚至退却了，而罗维想到的是如何解决问题并说服别人接受，这个时候需要的不仅是果敢，更需要的是智慧。

人与人之间的才能差异（诸如表达能力、演讲才能或心理智力）为成功地进行说服提供了基础，这种劝服多以一种公开的形式出现，并且可以以“技术”的指标进行衡量，因而，设计师的职业素养成为决定性的因素。换而言之，个人技术方面的完善和成长是设计师能够具有说服能力的最为本质的个人要素。如果设计师希望自己提出的论据、要求或者劝告能够被消费者自愿转化为行为的基础，即实现“成功的说服”，那么他首先就应当具备超乎常人的“创新能力”。所谓“创新”活动是指设计师通过独立的、联想性的、跳跃式的、多维度的以及综合性的思维模式表达自己新的洞察结果和新的观念的过程，是对产品、工艺和服务价值的重新设定与发现。“在日常交往实践中，行为者必须就世界中的事物达成沟通，但日常交往实践自身却面临自我证明的压力”[68]，而恰恰是创作力这一“理想化的假设”[69]才使得设计师的这种自我证明成为可能。在琥珀汽车的设计过程中，罗维创新之处就在于他通过专业的模型设计成功地说服了管理者。

接触西尔斯（Sears Roebuck）公司时，在近两年的时间里，罗维频繁地往芝加哥跑，而且都是自费的，其目的就是要让他们知道改进产品外观的重要性。最后罗维说服了西尔斯，而他获得的“冰点”冰箱的设计费用仅为 2500 美元，罗维自己投入这一设计项目的费用是它的三倍。第一款设计被采纳后销售马上翻了两番，在做下一个模型时，设计费是原来的三倍，而销量也有巨大的增长。当设计费升到 25,000 美元时，西尔斯冰箱的销售达到 160,000 台；当销售达到 275,000 台时，创造了当时冰箱销售领域的纪录。罗维通过销售数字说服了西尔斯，该公司也从这个时候开始将设计放在了一个重要的位置。这

68 [德] 尤尔根·哈贝马斯：《现代性的哲学话语》，曹卫东等译，南京：译林出版社，2004 年，第 233 页。

69 同上。

样一种不计报酬先设计，让市场来检验的方式，对企业来讲是一种最有效的说服方式。罗维敢于承担的风险则充分显示了他对自己创造力的信心。罗维早期几乎对所有的客户都是采取这种“先展现自己”[70]的方式达成合作意向的。

罗维在 20 世纪 30 年代所处的境况是，在制造领域中没有人听说过工业设计，而且也没有人感兴趣。那时罗维公司的发展似乎已经到了一个很难再往上攀爬的高度，他感觉到要唤醒一些企业对设计的理解所面临的重重困难。这些人在他们各自的领域都做得相当好，罗维被看作一个麻烦的人，常常会被客气的有时甚至是粗鲁的方式推到一边。通常的谈话会是：“总之那个家伙是谁，操着一口外国腔，这片土地上的陌生人，跑到这儿，我的办公室，并且试图告诉我如何管理我的生意？……为什么，我使用同样的设计超过二十二年了，并没有人抱怨啊！对不起，先生，我现在非常忙。”[71]面对对工业设计普遍的不理解甚至误解，罗维的坚持，同样是说服最重要的成功要素之一。

成功的说服意味着受众能够按照设计师传达的信息内容进行独立的判断和决定是否采纳，它是设计师与客户关系中平等交换、互为对象的那部分，而罗维所面临的在可交换信息上完全是空白的。就受商业社会利益驱动这一点来看，设计师的“说服”与商人渴望的“利益引诱”可能会产生动机的一致性，但是二者的差别更多地表现在彼此对待创造和创新的主观态度上面。罗维需要“说服”的不是个别人而是一个更大的群体，他需要在人群中建立起理念、观点和认识上的统一。罗维就是在这样的困境中，将工业设计作为一种合法化的职业放在了一个引导工业化进步的角色上，是一种“社会性说服”。社会改变所倚重的是集体效能（Collective Efficacy），而这种结果的实现是依靠来自如罗维一样具有自我效能的个体工作。

信任—说服—创造力（专业性）

今天的设计师人群成为创新活动最为活跃的实践载体，他们的工作体现并

---

70 Raymond Loewy, *Never Leave Well Enough Alone*, The Johns Hopkins University Press, 2002, p115.

71 同上。

实现了人类对于新的未知事物的探求本能，因此也获得了消费者的高度信任感和极大的忠诚投入。罗维在获得宾夕法尼亚铁路公司授权设计 GG-1 型电力机车前，曾经历了一次考验。公司总裁克莱蒙特（M. W. Clement）在第一次见面时并没有被委以重任，不知这位总裁是出于考验罗维的专业能力或是为了解一个可能的长期合作伙伴的人品的目的，先让罗维设计了纽约火车站的垃圾桶。这是一个在我们看来非常小的设计项目，以罗维当时的影响来看，我们似乎觉得罗维听到这样的消息应该拂袖而去才对，不过完全出乎我们的意料，罗维欣然领命而去，他花了三天时间，在纽约火车观测过往的行人、流浪者以及车站工作人员等如何使用原来的老旧的垃圾箱，发现其中存在的缺陷继而完成再设计。正是因为一个小小的垃圾箱设计，罗维取得了克莱蒙特的信任，并且说服他将 CG-1 型电力机车这一重任交给了自己。同时在罗维提交的车身设计方案中，“设计致人休克”[72]，我们看到了一个非常有想象力的颇具颠覆性的设计。这充分体现出了设计师说服人的最本质的东西——创造力，也成就了罗维本人作为这一行业“说服者”的地位。

要拥有“创造力”，就要依靠以个人技术为表征的知识系统的不断完备和提升，这一过程将有利于设计师敏感地捕捉潜在的社会集体利益，从而使自己的设计活动能够和集体的意识达成一致，并找到实现这种利益的途径和方法。由罗维和他的公司设计的作品包括“冰点”电冰箱（1929 年）、为宾夕法尼亚州铁路设计的 CG-1 型电力机车（1936 年）、“好彩”香烟包装的重新设计（1942 年，有些资料来源所记载的时间是 1939 年或 1940 年）、斯图贝克的“星线”（1953 年）汽车及阿旺提（1961 年）、灰狗巴士（1954 年）、壳牌石油（1967 年，有资料显示的时间为 1962 年）和埃克森公司（1966 年）的企业形象设计，特别是其中的标志设计，以及美国航天局的空间实验室（1967 年至 1973 年）的设计。罗维在设计上的实践无法一一尽数，但他的个人经验和专业知识都酝酿于创造力当中，反过来创造力又重新规定了罗维的事业方向，并把人的思想引向新的方向。因此，我们会看到，无论是罗维的再设计和彼得·贝

72 Raymond Loewy, *Never Leave Well Enough Alone*, The Johns Hopkins University Press, 2002, p140.

伦斯设计的“提梁和壶盖都可以和别的造型的水壶配件互用的电水壶”，还是勒·柯布西耶推出的“采用框架结构，墙体不再承重的现代住宅的设计概念”，都顺应了当时由机器化工业不断扩张引起的人们生活方式剧烈改变的状况，这些与机器批量和标准化生产特点相匹配的产品设计，以及造价与组成构件都被大大降低和减少的建筑设计，充分反映出了设计师所拥有的超凡的技术能力——这是一种综合的创造力——可以被量化和评估的人类理性价值。从德意志制造联盟到包豪斯，从新艺术运动到现代主义设计，设计师们通过自己的知识的影响成功地修改了相关行动者（包括设计师与消费者）关于他们行动环境的推论方式，尽管这些设计思想和理论存在一定的历史局限性，但不断推陈出新的秩序的建立把人类生活带入新的和谐高度——这恐怕才是设计改革者们最富有意义的历史贡献。

除此而外，由于“说服”不给对象以主观上的强制力，因此也被视为是“最不容易引起权力对象的敌对情绪”的一种权力形式[73]，但同时，与通过理性认识建立起来的设计师的个人技术相比，其内在的稳定性也要差得多——很多时候，消费者可以对一个产品的许多方面给予首肯，却会因为某个细节状况的出现而不再愿意接受设计师传递的信息。这种状况或许和产品本身有关，例如不满意产品的结构、颜色或者气味；或许根本与产品本身无关，有时仅仅是因为陈列的方式或者旁人的一句评价，也会导致交流关系的中止。针对这种难以揣度的消费者心理，设计师在除了为“需要”设计以外，还要积极对人们的感情、感性伦理等进行研究，通过关心人们所处的历史、文化、地域、民族、社会形态、道德标准等人文因素来寻求解决的办法。

芬兰著名的建筑设计大师阿尔瓦·阿尔托（Alvar Aalto）开始设计房屋时就希望能够平等地为每一个人提供更好的居住环境，而他所说的“每一个人”在同自己设计的环境发生关系时都达成彼此之间的认同。1940 年，阿尔托曾经写道：“建筑师所创造的世界应该是一个和谐的，和尝试用线把生活的过去和将来编织在一起的世界。而用来编织的最基本的经纬就是人纷繁的情感之线与包

73 ［美］丹尼斯·朗：《权力：它的形式、基础和作用》，高湘、高全余译，台北：桂冠出版社，1994 年，第 51 页。

括人在内的自然之线。”对大众情感的关怀拉近了设计师与大众双方的距离，在阿尔托的设计中不仅仅反复出现自然再现的理念，其中有关“人”的概念构成了阿尔托一贯在他的建筑设计中想要表达的生态建筑的理念。就像他曾经说过：“建筑不能拯救世界，但它可以为人们做出一个好的榜样。”[74] 阿尔托这“愿为世界上的所有普通人建造天堂的志向”开启了人性化设计的先河，而这一设计概念的横空出世无疑是为设计师的“说服”活动提供了理论上和实践上的参考依据。科学的人性化设计（即在设计中充分运用现代科学和技术成就去探索、表现事物内在的客观规律，充分利用各个学科的成就创造出设计作品）、自然的人性化设计（即在自然共生观的立场上通过设计来消除社会中对“征服自然”的机器文明的盲目崇拜，表达人与自然的和谐相处）、人文的人性化设计（即出于对人的生存状况的关怀，而进行的“符合人的尊严与人性生活条件”的设计）共同组成了一个设计师的“说服”体系。成功的说服会给设计师带来很大的自我价值实现后的满足感，有时甚至超越了设计师对商业利润的追求，这也许和“说服”环节中那种平等、自愿的原则不无关系，以此作为基础的对设计师作品的“认同”会给设计师个人带来一种“自我表现的所在感”以及“给予个体的特征以稳固的核心”。[75]

罗维异乎寻常的商业扩张道路和丰盛的设计产出总是激发了人们太多对其财富拥有的猜想，同时，出于各种角度或各种复杂的心绪而将他的设计行为贬同于商业促销技术手段的也大有人在，罗维的客户之一——Lever Bros 公司的查尔斯·卢克曼曾经这样形容他：“雷蒙德的一只眼睛里充满了想象力，另一只眼睛却紧紧盯着收银机。”然而，在我看来，工业设计师围绕着产品的象征价值（即根据生产和接受它们的个人对它们的评估而具有的价值）和经济价值（即在交换中取得的价值）[76] 所展开的个人设计“价值化”的过程绝非是能够凌驾于已知事实之上的，而“这些已知事实的核心正是人类享受的满足感的普遍性”[77]。

74 《永恒的表达：芬兰阿尔托设计艺术展》，摘自 http://www.arts.tom.com。

75 Jonathan Rutherford , *Etity*, London : Lawrence & Wishart, 1999, p88.

76 ［英］约翰·B. 汤普森：《意识形态与现代文化》，高铦等译，南京：译林出版社，2005 年，第 14 页。

77 ［美］克里斯托佛·贝里：《奢侈的概念：概念及历史的探究》，江红译，上海人民出版社，2005 年，第 35 页。

因此，罗维显然无法以营销至上的立场驰骋于业界，作为一个产品设计师，他只有通过满足客户未被满足的需求或者潜在的需求来实现自己的职业梦想，这从他曾经花费数月时间与数百位家庭主妇进行交谈以了解顾客真实需要的行为中亦可见一斑。至于企业的利润和个人的收入，那正是对其创新行为所产生的积极社会、经济影响的回馈。

有一个问题我们需要注意，设计师身处的设计沟通模式也决定了“隐匿”或“在场”的状态。子曰：“可与言而不与言，失人；不可与言而与之言，失言。知者不失人，亦不失言。”[78] 中国古代哲人对于人际间沟通作用的认识和技巧的提点，也为今天的设计师处理“产品设计”与经营者、管理者、消费者和使用者之间的关系提供了一种参照。在这里需要强调的是，虽然由设计师贯穿起整个创作过程中“传递与协调”信息的工作，但其具体的内容和形式却非设计师的个人决策，因为设计沟通作为“达成设计目标的必经途径”，其主体可谓是多重的——包括设计者自身内部的沟通、人际沟通、设计团体沟通、设计组织沟通、公共沟通以及混合设计沟通。和任何一种主体进行思维碰撞和情感交换的过程，都可以决定设计师与其创意作品以及与广大公众之间的距离远近，而其中又蕴含着相互间此消彼长、互为制约的情况。事实上，绝大多数的设计师为保障产品的销售性和消费性通常会自觉地制定和调整自己在整个商品循环链上的位置关系，通过对个人形象、语言和行为的有意识的安排以唤起消费者对产品的联想及关注。设计师这种“标志化”了的个人形象和举止，不管最初是天性使然也好，还是后来刻意为之也罢，设计师的“自我塑造”也无一不显示其选择的是一种适合于自己目标市场和艺术水准的沟通模式。

我们注意到许多关键问题都集中和发生在设计师在商业系统中“隐匿”和“在场”的第二阶段，正如我们一直强调的，每一个阶段设计师所面临的问题在其他阶段都是会遭遇的，只是每一阶段对同一的问题来说其所占的权重有所不同。

78　钱穆：《论语新解》，北京：生活·新书·新知三联书店，2005 年。

设计的责任与伦理

责任与伦理通常是设计师是在第三阶段会面临的最重要问题。我们通常认为，设计伦理应该是设计师最基本的素质之一，从进入设计领域就应该意识到这是我们设计行为中的一面镜子，是随时检视我们自身的工具。在第三阶段，也就是设计师趋于成熟的时期来强调这一问题，是因为此一阶段的设计师通常掌握话语权，他们的言行更具影响力，因为就大众而言，“进行是非判断的标准之一就是看别人是怎么想的，尤其是当我们决定什么是正确的行为的时候”[79]。

通过对罗维的作品及其言论的分析，可以看到在罗维大量的设计实践之外，他对设计的思考已经不仅仅限于功能性、物质性，而且想要建立一种具有普遍意义的设计观念，比如对日常的反思、对环境的关注，以及某种超越意识之外的美，都具有一种设计文化的思考性，而其中有关责任和伦理的思考更为广泛。

二战结束时，在美国从事工业设计的设计师达到近两千人，但事实上，其中的许多人并不符合这一有着较高专业技能要求职业的从业资格或者能力。罗维和德雷夫斯、提格等一些设计师极为关注这一状况，他们时常聚集在一起进行研究讨论，以期能够找到修正的方法和探讨未来的设计之路。1944 年，他们邀请了活跃在美国东海岸城市的其他十余位设计师共同组建了当时的美国工业设计师协会（Society of Industrial Designers，简称 SID）。协会成立的目的不仅在于进一步巩固工业设计师作为一种职业的合法地位，也希望通过限制会员名额的方法能够达到净化专业队伍的初衷。

罗维于 1946 年出任该协会的主席，作为组织的领导人物，罗维强烈感觉到建立一个伦理规范的迫切性。在他的带领下，协会起草了规范，并且开始推行实施。“规范”从设计师的个人品行、设计师同事之间的关系以及设计公司之间的竞争法则等方面都做出了明确的规定。例如，强调设计师个人诚信的重

79 ［美］罗伯特·B. 西奥迪尼：《影响力》，张力慧译，北京：中国社会科学出版社，2001 年，第 127 页。

图 4-2 罗维自己撰写的带有自传色彩的《精益求精》，也有译者将书名译为《不要把好的单独留下》。

要性，特别提出了设计师不得同时参与两个能够直接形成竞争的设计项目，设计师不得蓄意夺取同事的客户，也不得暗中窃取他人的设计成果，等等。随后，SID 将“伦理规范”（Code of Ethics）转化成为“实践规范”（Code of Practice）[80] 这样一种更加实际和婉转的陈述。

尽管目前人们对二战后在“有计划废止”（Planned Obsolescence）引导下的美国消费设计观念仍然颇有微词和争议，但罗维在设计师协会所制订的规范还是提示出了一种职业操守的存在。事实上，罗维在自己长期而广泛的设计实践中并非如许多人对他产生的印象那样只是一个对私利感兴趣的人，他在工业设计师协会的所作所为表明，他曾经积极地从职业角度出发探讨与客户、同行和公众的责任问题，并提倡有系统、有组织和有目的的管理目标，在设计与产业互动以及相互提升的过程中扮演了一个推动的角色，他的公司也因此成为早期“现代企业家型组织”的典型代表。

“随着有创造性的人有了名气，获得了成功，他们不可避免会对自己出名领域之外的事负起责任”[81]，罗维在 1971 年到 1972 年期间设计生产了 Fairchild-Hiller 安全汽车，被美国交通部用来做实验。这款车将航空技术和正统的生产技术结合在一起，专门供商业制作者模仿其安全特点，包括防滚笼构造、后视镜和可以吸收能量的玻璃等。在那个越来越注重汽车安全的时代，罗维通过这款汽车将其设计技巧毫无保留地献给了汽车工业。[82] 而这一切都是罗维主动的选择，并没有谁要求他这样做。我们知道罗维秉持的是“产品越简洁就

80 Raymond Loewy, *Never Leave Well Enough Alone*, The Johns Hopkins University Press, 2002, p182.

81 ［美］米哈伊・奇凯岑特米哈伊：《创造性：发现和发明的心理学》，夏镇平译，上海译文出版社，2001 年，第 201 页。

82 ［英］彭妮・斯帕克：《设计百年——20 世纪汽车设计的先驱》，郭志锋译，北京：中国建筑工业出版社，2005 年，第 139 页。

越美观，通常对使用来讲也更安全”的设计概念，所以他会对大众在汽车上不加选择地使用铬合金装饰提出严肃的批评，在《精益求精》一书中罗维写道，通常我们知道设计以一种基本恰当的造型设计完成了一个产品，因此它拥有自己的精彩之处，并且阴影自身会创造出合适的闪光，这样就使铬合金装饰没有必要了。但在罗维所经历的许多事例中，这被证明是远远不够的。当产品一经产出并且进入市场，消费者就会要求更多的铬合金。这在汽车市场特别真实。买家堆砌上自己的铬金属小玩意、模型、条带和装饰物等，直到汽车看起来像我们都知道的圣诞树。一些供应商制造和销售上千万美元的丑陋的引擎盖徽标、缓冲保护装置、遮阳罩等，消费者将这些东西装满了整个汽车。罗维对此非常感慨，认为设计师应该致力于改变这种状况，与其让粗俗之气泛滥不如及早引导，因为在一种罗维所强调的“伦理规范”下设计师必须清楚，“设计是对个人环境和所有设备误操作之前的最早的控制”[83]，“至少他能控制铬在表面的分布，避免畸形”[84]。在罗维的倡导下，许多公司的执行官都对铬金属的过度装饰进行了抵制，“许多人具有敏锐的美感，并且意识到他们对于他们的公司和公众的责任”[85]。

关于这一问题集中在罗维具有相当力量的宣言式的口号“重量是敌人”上面。1950 年，美国汽车工程协会（Society of Automotive Engineers）在底特律召开国际大会，大会邀请罗维作为嘉宾发言人出席。“今日汽车的风格”是罗维演讲的题目。

发言中，罗维首先对设计师的角色做了重新界定，对于那些经由媒体误导而形成的“设计师除了随意画画草图之外只懂得享受奢逸生活”的错误公众印象予以了坚决的反击，“为了一些奇怪的原因，我的杂志作家朋友对于设计师真实的生活面貌完全不感兴趣，他们只想知道游泳池边发生的聚会故事”，他一针见血地说，“设计师的工作并不那么浪漫，他们七点起床，吃点猪肉香肠，然后像任何普通的商务人士那样投入到工作当中”。罗维明确地告诉与会者，在设计

83 Raymond Loewy, *Never Leave Well Enough Alone*, The Johns Hopkins University Press, 2002, p228.

84 同上。

85 同上。

师中很少有不切实际的人。

谈到具体的车身设计时，罗维站在一个设计师的角度对工程师热衷的一种大体积和大重量的乘用车设想表示了遗憾。因为放下大众是否真的想要一种巨大的交通工具暂且不论，目前可以肯定的是，这种笨重的机械装置一定意味着很大的重量并且需要花费很多的资金。就此，罗维喊出了“重量是敌人”的口号。他进一步用统计数据表明，92% 在高速路上行驶的轿车，其后排座位都是空置的，而用平均重量是 3500 磅的一辆车来运载一到两个人显然是没有多大意义的。同时，对于汽车上的铬合金装饰，罗维也持一种批评的态度，他认为过多的铬金属不仅抬高了造价，还使车身不负重荷，而那些丑陋的装饰只会给驾驶员造成行驶的盲点。理想中的汽车应该朝着一种清新、简洁、年轻化的方向发展，并且能够提供更好视野——这与他一贯坚持的简化原则是一致的。

“理论对一个文化范围所起的引导作用对另一种文化也许是误导”[86]，所强调的是不同文化之间的冲突，并非对设计所构建的设计文化的否定。怀疑无法否定设计文化的存在已经成为一种显在，并呈现多元化的景象。顺着这样的文化阶梯登上山顶的设计师，将设计、生产、流通和使用等种种现象归结为一种符号沟通手段，最终是要帮助消费者也能登上山顶，达成一致的境界。显然，这是对西蒙所倡导的设计学科公民化的一种呼应。文化思考的社会性被铺展开来，不再只是少数人的专利，

设计师保持一种领导者的角色同样是他应该承担的责任。一个有设计天赋的设计师应该将自己的思想发挥出最充分的价值，如果选择“隐匿”就没有人能够听见你的声音，无疑是不负责任的逃避。因此，设计师为获得声名并非出于一种自我的虚荣心，“如果不能清醒地认识到自己的工作具有何种价值或缺少什么价值，任何人都不能成为真正一流的知识分子，虚假的谦虚不能被视为一种优秀品质”[87]。对自我“内在精神的设计”成为这一阶段的设计师的最高追求。我们可以想象一个默默无闻的设计师、“隐匿”的设计师当然不可能起到如罗维所起到的作用。“正是出于这一原因，而不是出于社会承认

86 莫里约・维塔：《设计的意义》，何工译，《艺术当代》，2005 年第 5 期。

87 罗伯特・维纳：《目标和时间》，载于《非物质社会——后工业世界的设计、文化与技术》，滕守尧译，成都：四川人民出版社，1998 年，第 147 页。

对学者造成的兴奋和愉快，使得那种通过相应的承认性行动把创造性头脑从一群创造性稍逊的头脑中挑选出来的做法，显得尤其重要。”[88] 设计师如果能够成为多种力量的复合体，就应该主动地选择“在场”，这是一种深刻的文化自省和反思。

我们在这里想要表明的是，罗维作为饱受争议的所谓商业设计师，从来就没有放弃对设计的责任和伦理的思考。罗维不仅作为 140 家公司的设计顾问，而且这其中大多数都是些一流的公司，同时罗维还一直关注着消费者的反应，就像他所指出的，“我们应该能够从中推断出我所称之为的公众接受第五感，无论是一系列图形、商店布局、肥皂的包装、汽车的样式，还是拖船的颜色。这是我们的职业中一种使我无限着迷的状态。我们的愿望就是给予我们的购买者所有能够研究出来并且科技上能够生产出来的最先进的产品。”[89] 作为设计师，其责任和伦理的载体隐含在所设计的产品之中。

罗维对设计伦理的思考可以从他的自传中所引用的范内瓦・布什（Vannevar Bush）[90] 的一段话里得以自我公开。这段话这样写道：“人类事业——人类自最初的时期的努力——是为了冲破羁绊，无论哪种类型，为的是人类生活能够持续走向更好，包括身体的、智性的和精神的。”[91]

在这一节中我们揭示了职业设计师生涯三个阶段所面临的问题，其个人发展可以视为设计师个人发展的典型，将与之相对应的设计师的“隐匿”与“在场”放在 OBS 框架结构中会显出更深层的问题，我们经过梳理得出了一

---

88 ［美］米哈伊・奇凯岑特米哈伊：《创造性——发现和发明的心理学》，夏镇平译，上海译文出版社，2001 年。

89 Raymond Loewy, *Never Leave Well Enough Alone*, The Johns Hopkins University Press, 2002, p277.

90 范内瓦・布什（1890—1974），具有六个不同学位的科学家、教育家和政府官员，从 1919 年起直到 1971 年，布什长期在著名的麻省理工学院（MIT）工作和教学。从 1930 年开始，在 MIT 担任电子工程学教授的布什和一个研究小组开始着手设计能够求解微分方程的“微分分析机”的工作，造出世界上首台模拟电子计算机。这一开创性工作为二战后数字计算机的诞生扫清了道路。40 年代早期，作为罗斯福总统的科学顾问，布什组织和领导了制造第一颗原子弹的著名的“曼哈顿计划”。其后，他先后参与了从氢弹的发明、登月飞行直到“星球大战计划”的众多重大的科学技术工程。美国政府依据布什的建议和构想批准成立的国家科学基金会（NSF）和高级研究规划署（ARPA）等科研机构，保证了美国在尖端科技领域的长期领先地位。计算技术前沿的许多科学家都尊敬地称他为“信息时代的教父”。

91 Raymond Loewy, *Never Leave Well Enough Alone*, The Johns Hopkins University Press, 2002, p370.

张图表（见图表二），这些问题不仅具有特殊性，同时具有一定的普遍性，是所有设计师都要面临的问题。我们需要再度重申的是，每一个阶段的问题在其他阶段都会面临，只是问题的权重在各个阶段有所不同。

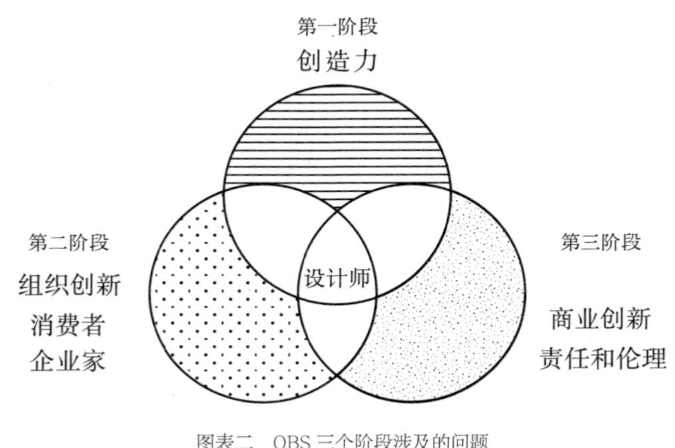

图表二　OBS 三个阶段涉及的问题

走向“有限理性的创造”：一种应对性的策略思考

“如果我们不能凭借稳定的因果系列将大量的现象联结起来，那么现象就会完全保持着一种不可理喻的状态”，[92] 特别是对罗维这样一个创作等身的、涉猎面甚广的实践先行者而言，对罗维的分段研究是根据他的设计事业的进程为依据，但我们发现当其放置在我们预设的 OBS 层次结构研究框架中的时候，统观设计师处于三个不同层次所面临的问题我们会发现，设计师处在任何阶段所面临的问题都是同时存在的，只是每一阶段重点不同，这中间有一种共时性、递进性关系的存在。

在罗维职业设计生涯的三个发展阶段，我们看到罗维所遭遇的问题既有普遍性也有特殊性，比如，我们可以看出其所有的设计活动围绕着的一个潜在的最为重要的核心问题——创造力而展开，这是设计最本质的问题，是几乎所有设计师都会面对的，但作为创造性的表现形式，如简化原则、商业创新等又是极为个性的，是罗维个人创造性的表达。关于信任和说服的问题同样是一个普遍性问题，我们的陈述围绕罗维个人的遭遇展开，而在信任和说服之间我们发现创造力同样发挥着作用。在责任和伦理问题上，我们考察的是罗维自己所面临的、在当时的特定环境出现的问题，如安全、设计师的职业道德等，而这同样具有普遍意义。

如果我们仅就每一个阶段所揭示的问题做简单的解释性的讨论，显然把问题简单化了，同样，孤立地静止地来谈论创造也非本书研究的目的。我们希望能够在一种表象和内在或是在两个问题之间找到某种逻辑关系，正如我们所解释的，影响设计师的“隐匿”与“在场”有两个关键因素——创造力与商业系统，而这两者是必然要发生关系的。如果在一个系统模型中来考量设计的创造力，其特殊性自然与其他创造力的含义区别开了。一个最明显的事实就是，设计的创造力是受限制的，是与商业要发生关系的，因而设计的创造力需要满足各种

92 ［德］恩斯特·卡西尔：《人文科学的逻辑》，沉晖等译，北京：中国人民大学出版社，2004 年，第 172 页。

限制因素的要求，有两点我们需要强调，一是，设计的创造并非简单地迎合各种需求；二是，在一个有限空间中的创造同样可以是无限的。循着这样的思路，我们就将问题指向了对设计创造力的特殊性的讨论。

我们有必要将对设计创造性的思考研究确立在一个更具宏观视野的位置。恰如唐纳德·舍恩（Donald Schon）所提出的一种“反思性实践”的认识论，在批判技术理性的基础上对反思性实践进行了深入研究。因此，自 20 世纪 80 年代早期起，基于这一理论，在设计思考方面的研究试图涵括一个更广的问题范围（商业系统是其中最重要的一环），以获得一个更为广阔的洞察力，同时提升对设计现象的理解力。

在这样一种环境中，设计的创造力会同商业的发展，以一种相匹配的和精确的方式来处理设计与消费者、企业家等的相互关系的问题。赫尔伯特·A. 西蒙在《人的模式》中认为：“传统的经济学理论假定了一个‘经济人’的概念，人在经济化的过程中，同样是‘理性化’的。这个人被假定为具备了其所处环境的相关方面的知识，他同样被假定为拥有一个良好组织和稳定的优先选择系统，以及计算的技巧，以确保有利于他在行动过程对所做选择的计划，这些将允许他在其优先选择的范围中达到可到达的最高点。”设计师的创造力自然是基于这样一种环境来展开，它必然需要超越单一个体的现象，才能成为一种有意义的全方位的创造。设计创造力的呈现，事实上与一种设计师的思维模式是相对应的。

在这里我们有必要回顾一下设计思维方式的一种阶段性的变化，我们尝试划分了三个阶段：第一阶段，在 1950 年代前，设计的创造性是基于一种对直觉的、艺术的和美术的设计过程设想的反应，这种想法在最初的设计教育中被广泛散布；从 1950 年代后期到 1960 年代，获得了一种关于设计创造性是基于一种非常逻辑化、系统化和理性化的观点而展开，此为第二阶段；然而，从 1967 年到 1980 年代早期，这些理性主义的和逻辑的趋势遭遇到困难和巨大的阻力，导致设计方法运动的主要倡导者从根本上改变了他们的理论观点。在克里斯托夫·亚历山大[93]相似的参与性观点中，基于“模式语言”（Pattern

93 Christopher Alexander, *A Pattern Language*, New York, Oxford University Press, 1977.

Languge）的观点，也以一种新的方法对设计进行试验。因此，同时在这一时期，第三代观点浮现，其中的倡导者致力于研究和获得对设计师认知行为的更深入的了解，正如他们只是出现在实践的传统方式当中。

在创造性的阐发过程中，一方面，我们能否将某些断想粘合起来，另一方面，将某些看似连贯的想法切割开，这样就将感性的思维（直觉的、艺术的和美术的设计过程）引入了一种理性（逻辑化合系统化）的评价之中。这样的处理方法与笛卡尔的思维逻辑有某些重合的地方，“将每一个我所调查的问题尽我所能地划分为尽可能多个部分，如果解决它们是必要的话”，紧跟着，“为了合乎时宜地发展我的想法，以最简单和最容易理解的问题入手，为了渐次地达到，一点一点接近最复杂的知识，假定其中有一个规律，本质上看似乎一个紧跟另一个是根本不可能的”。这样一种设计思考的转变，最为显著的就是在第二阶段，即赫伯特・林丁格（Herbert Lindinger）在二战后（从 1953 年到 1968 年）所描述的，在德国乌尔姆重建包豪斯传统的时期，这一特殊阶段发生在 1958 年至 1962 年，林丁格用一种非常有特征的名称——“有计划的疯癫”来提出对设计创造性地表达，这为设计的思维方式指出了一个方向，即“计划编制的方法论获得了支持，一些学生几乎将其视为一种信仰。在科学的精确性、系统和电脑之前，释放设计中所有令人厌恶的、无理性的缺点似乎只是个大概的时间”。

从 20 世纪 80 年代初始，设计思考开始了一种更为复杂的观点，进入我们所说的第三个阶段，据唐纳德・舍恩看，其中的设计师应该更多地被看作是反思性实践者，从“技术理性”的领域转移至一种行为反思的理性，肖恩对反思的定义是，当人们对某种行动存有疑惑、问题或感兴趣时，就会提出问题，然后在行动中或行动后思考并解决这些问题，从而能更深刻地理解这种行动，是在批判技术理性的基础上提出的反思。针对设计创造性地思考，在理性主义者和反思性实践者之际就产生了一道鸿沟。事实在于，持这两种观点的学者，在某种程度的理性、逻辑和客观性这些设计过程的基本特征上所保持的共有信仰，他们似乎忽略了设计问题的高度复杂性，而这一过程并非完全理性和逻辑。那么这个时候，西蒙概念化的、更为准确的“有限理性”成为我们把握设计创造性的工具，由此我大胆地提出了“有限理性的创造”这一概念。

以西蒙的“有限理性”理论为出发点，我们可以判定，设计师的知识、信息、经验和能力都是有限的，他不可能也不企望达到绝对的最优解，而只以找到满意解为满足。而这正是西蒙所强调的，“管理理论是特别有目的的和有限制的理性理论——是人感到满意的行为，因为他们不谋求最大的智慧。”在实际的设计决策中，“有限理性的创造”表现为：设计师无法寻找到全部备选方案，也无法完全预测全部备选方案的后果，还不具有一套明确的、完全一致的偏好体系，以使它能在多种多样的决策环境中选择最优的决策方案。

从创造到创新，其中隐含的恰恰是一个决策的问题，这是一个相当复杂的认知行为，其中理性的选择、策略、决策制定构成了一个链条。而决策问题直接涉及环境刺激和人的反应（即创造性思维）之间的相互关系，事实上是居于“问题空间”这一观念中所隐藏的假设（如消费者的需求、制造技术等）。在刺激和反应两极之间，这一表现涉及信息处理，这意味着，环境空间所包含的知识成为创造行为的起点，同时也是目的地。

我们可以判断在“问题空间”中的构成元素就是知识的规定。此处最重要的意义在于，问题空间所指的知识就是问题解决者关于问题的状态所具有的知识状态，这无疑对设计师理解和把握商业系统所涵括的知识提出了挑战。“知识在决策过程中的作用，就是确定哪个备选策略会产生哪些结果。知识的任务就是从可能的结果里选出一个限制更多的子类，在理想的情况下，甚至是为每个策略选出与之相关的唯一一组结果。”[94] 当产生出新思路、办法或行动的方案时，通常会有一个到多个的生成过程或是操作方式，能够允许人们将知识规定性作为输入，或是作为开始的位置，从而实现产生新知识的状态，而最终的目的是需要把这一方案输出，这样就形成了一个完整的创造链条。一旦设计师已经选择和创造了一种适当的问题陈述（一个问题空间），那么他选择一个或更多的生成过程引导他的不是单一的和真正的解决方案，而是最满意的一个。当创造力置于“问题空间”时，恰恰指向了有关创新问题的产生和运用创造性想法的过程，所强调正是创新的生成过程。

有限理性的创造关注的焦点，正是人的社会行为的理性方面与非理性方面

94 ［美］赫伯特·A. 西蒙：《管理行为》，詹正茂译，北京：机械工业出版社，2004 年，第 72 页。

的界限。针对设计的创造性，它在艺术的直觉化、艺术化的感性与逻辑化、系统化的理性之间找到了一条具有“中间”性的新的思维路径。因此，在承受一定程度的不确定性的环境中，有限理性的观念特别适合于描述设计师的行为方式。

在这里我们要提请注意，在理解“有限理性的创造”时，最大的危险在于对有限元素的限制简化了知识的内容。因为，人的行为中真正的有限理性恰恰是构成人作为一个整体存在的所有部分，特别是环境，因此，“有限理性的创造”是一个系统模式。“有限理性的创造”并非对创造力的限制，如果对创造力施加限制，那么创造力也就缺乏生命力了，我们想指出的是，设计师的创造力是被选择的，在一个社会化、商业化的系统中，对设计做出选择的人通常是管理者，而这一群体“就是我们日常生活中常见的只有有限理性的人”[95]。如果管理人缺乏基本的设计意识，那么设计师的创造力多数时候就有可能是一种胎死腹中的命运。因此，“有限理性的创造”成为输出设计师创造力的可能出口，因为这是设计师的主动选择，可以避免被缺乏设计态度（Design Attitude）的决策人错误抉择或者说是对有创造性设计的埋没，相反，如果设计师具备“有限理性的创造”这样一种应对性策略思考，以此为理解设计创造性的出发点，那么在自身知识系统的构建中必然主动地将商业系统的相关知识纳入其中，也就是说设计师具备了一种管理者的思维，必然其设计结果更容易让管理者所认同。正是因为采用“有限理性的创造”，才使得设计师个人具有发散性的、通常比常人走得更远的创造性能够被有限理性的环境所接受，创造力才能够进入生产环节并融入流通领域，从“可能性”向“现实性”的过渡使一种有意义的创造最终得以实现。因此，我们所归纳的“有限理性的创造”的完整概念是，无限的创造置于有限的“问题空间”而获得的创新策略。

95 ［美］赫伯特·A. 西蒙：《管理行为》，第108页。

本章小结

我们首先对 OBS 框架自身的构建所涉及的关键问题做了分析，分别就第一阶段的“组织”、第二阶段的“商业系统”和第三阶段的“社会”各自所面临的问题做了详细说明。

结合 OBS 框架，对罗维个人的线性发展过程中三个阶段的存在状态做了深入的分析。罗维在“组织、商业环境和社会”三个层面所面临的问题，反映的是设计师在不同阶段处于不同关系中所展现的价值，以及价值所发挥的效能。第一阶段中，罗维作为自由艺术家，在专业组织中还处于边缘化，其商业和社会层面的价值自然是“隐匿”的，很重要的一点是，设计师对自我“隐匿”身份的认识直接决定了自我未来的建构。在第二阶段，当罗维进入工业设计的领域时，则开始走向职业设计师的道路。由于这样一种新专业要求极高的职业素养，个人价值通常体现在设计师的专业表现——设计物上，而设计师个人首先需要获得制造商的认同，进而，其设计物品才逐渐流向市场，进入消费者的视野，因而，设计师常常是面临来自制造商和消费者两端的评价。设计师在这样一种关系中所拥有的话语权是以其长期的专业实践所获的信任为基础，以信任为基础的说服自然水到渠成，而制造商和消费者信任的不正是设计师的创造力吗？在这一阶段，商业上的成功使设计师的“隐匿”或“在场”成为一种自我的主动选项，而罗维当然渴望能够在社会认同上实现自己可能的价值。当罗维处于第三阶段成熟期时，无疑是将其设计价值做了最大化的呈现，设计师处于“组织、商业和社会”三个层面的全面“在场”，而通常只为极少数的人能够到达这一境界成为“精神领袖”。从罗维积极地、广泛地参与社会活动的现象，我们应该意识到，设计师的“在场”不仅仅是一种文化觉醒，更重要的是一种个人意识的自觉。对设计意义的追问，及其在设计物中的显现成为设计师把握设计的谨慎问题，这是左右设计师“在场”或“隐匿”的重要原因。放弃对意义的追问就陷入了“物质性”的形式偏好，而无视欧瑞尔强调的在一个特定的文化框架内，各种真实和习惯的行动的需要所获得的满足。我们明确指出，创造力是达成这一满足并树立“积极的权威”身份的关键。对存在于第三阶段的问题——责任与伦理——背后的结构线索做出分析，我们同样发现的是创造力在发生影响作用。

在这一章中，通过将创造力的系统模式做了完整的塑型，我们揭示了创造力在设计师的行为实践中全方位展开的性质。而“有限理性的创造”概念的提出无疑对我们考察设计创造力提供了更系统、更客观的思维框架，最重要的是创造力必须体现在设计的输出中。我们期望借“有限理性的创造”这一概念的提出，将设计师创造性在现代商业系统中做最大限度的扩展，我们将其视为一种有意义的创造。

附录 1[96]

提格公司（注：此为公司文件信函的题头）

职位描述

工业设计师助理

负责概念化和航天器的造型设计发展需要一个高于平均水平，较之于所遇到的一般困难、复杂性或范围的广度，因为之前鲜有先例存在。包括有能力来管理和实现所有的技术以及任务分配的组织方面，作为形式的创造方面同样如此，用户及产品之间美学的、身体的和心理的接触，以及何处所需的系统兼容性。

要求

对所有飞机模型加以管理并分析、研究和界定正确的设计和构造。

创造出基于形状、颜色、材料、饰面、制造工艺和成本的设计思路。

理解并运用文化多样性的差异以达成某种期望。

确定项目的范围、具体工作，以及内部限期的计划。

对航空航天设计发展趋势深入的工作经验。

为波音公司的主要客舱内部产品开发创意设计方案，如飞机座位、厨房、厕所娱乐中心。

设计概念的贯彻实现。整合调查结果和概念体现在原创的手绘概念草图。组织设计审查，并确定需要的修改和改变。

为模拟原型和初期产品的部分细节与装配发展数字技术的绘图设计。

使用 Adobe Illustrator 和 Photoshop、犀牛和画家等软件开发概念模型。

以高水平的细节和高标准的生产基础来构建解决设计方案的能力。

为客户创造的特殊的表现方式。通过手绘和电子透视图、模型、机械制图以及书面报告来准备文件以传达设计解决方案。

96　此附录为提格公司招聘设计助理的文件，摘录自 www.teague.com，2007 年 10 月。

客户反馈意见的文件、讨论修改的需要，及根据规格变化所做的设计。

保持准确和完整的项目文件，包括方案、航空公司和飞机模型的规格。

管理技术客户的关系，确保客户的设计和业务目标符合时间表和预算框架。

在建立和维护客户关系时承担领导角色，确保客户的设计和业务目标得到满足。

管理多个项目。

波音航空的技术语言的应用知识。

在航空航天领域、运输、设计、市场特点、全球变化、材料、技术和计算机软件方面保持领先。

与最底层监督一起工作，保持对独立的创造性思维与设计决策责任的宽广视野。

其他职责分配。

技巧

在三维计算机成像软件方面高水平的熟练程度。Adobe Illustrator、Photoshop、犀牛、画家等软件，以及微软的 Word、Excel、Project、PowerPoint 等。

平台演示技巧，建议和报告写作技巧。

用 SolidWorks 和 / 或 CATIAV5 环境的三维造型技巧。

教育 / 经历

经认证的大学，工业设计专业，科学学士学位。

在交通设计方面最少 2—4 年的经验。

在航空工业适用的设计经验。

有关项目设计管理证明材料。

在航空航天技术发展趋势方面的专门知识。

第五章

设计师身份和自我实现：认同的多样性

设计师的创造力在个人发展的不同阶段，以及不同的场域中始终保持一种连贯统一的存在，随着与各种力量的汇聚，这也大大丰富了创造力自身的属性，带出更深层的价值。就前面的讨论来看，我们还仅是将问题集中在设计师这一主体。但是，正如我们在讨论创造力时，谈到了创造力的系统模式概念，即对该系统产生作用的环境，包括组织、商业系统及社会系统的意义在于对其中关系的强调，由此我们探讨了设计师的创造力在不同环境中的扩展形态。显然，对于创造性的评价是由他者来完成，需要他者的接受，唯有如此，设计师的创造力才能体现出它的价值，成为有意义的创造。那么就他者而言，对创造力会是怎样的态度呢？他们的姿态是否需要修正呢？对这些问题我们将展开讨论。

这就将问题指向了本章所探讨的核心问题——认同。

关于认同问题的研究，始于西格蒙德・弗洛伊德（Sigmund Freud）最初在精神分析对自居作用（即认同过程）的研究。之后，尤其是埃里克森（Erik Erikson）提出的“同一性危机”理论，则将认同与危机这两个术语联系在一起。埃里克森的理论指出一个重要的事实，个体的同一性并不是自然而然获得的，是一个带有发展变化多种可能性的过程。对帕森斯来说，认同理论从主要关心个体认同的形成到作为一个重要的基础在社会结构和行动的任何普遍理论中所起的作用。帕森斯主要关心的是组成社会时的个体，认同则是作为一个核心问题。这与哈贝马斯试图阐述重新建构社会科学的基本假设的议程时，提出的与“一个动力的认同机制是一个最重要的准则”，形成了某种关联[1]，机制的建立成为认识社会环境中个体的关键。安东尼・吉登斯认为，认同是社会连续发展的历史性产物，它不仅指涉一个社会在时间上的某种连续性，同时也是该社会在反思活动中惯例性地创造和维系的某种东西，这就进一步将历史和时间的维度引入，使认同具有一种超越时空的连续性。[2]泰勒探索了现代认同的形成渊源，认为现代认同的形成依赖一些有关“自我根源”的因素，从人性的善恶、社会与日常生活的影响等，对认同研究的深度设定了标准。[3]

1 William Bloom, *Personal Identity, National Identity and International Relations*. Cambridge: Cambridge University Press, 1990, p25—53.

2 ［英］安东尼・吉登斯：《现代性与自我认同》，赵旭东、方文译，北京：生活・读书・新知三联书店，1998 年，第 57—58 页。

3 ［加］查尔斯・泰勒：《自我的根源：现代认同的形成》，韩震等译，南京：译林出版社，2001 年。

对认同的研究的“转向”使得认同（或身份）研究不可避免地从静态地追溯过去，转向动态地立足现在并指向未来。[4] 立足于我们所研究的对象，有关设计的认同则源自设计实践在消费社会中的无可回避的事实。

在第四章分析罗维第二阶段的设计生涯时我们讨论了信任问题，而这涉及，“要建立以信任为基础的亲密关系，需要对认同重新定义”[5]，围绕着设计而展开的“这种认同应具有充分的自主性，完全独立于支配性的制度与组织的网络逻辑”[6]。从设计实践与社会环境的合作与表达之间，引出了有针对性的认同。将认同视为一种特定的行动取向，一种在特定的文化环境中建构并支配个体行动方式的思维准则与价值取向，有助于我们围绕着设计这一种特定的对象展开不同层面的认同研究。对设计的认同，事实上是对设计价值的认同，是指人们对设计中的观念等基本原则有趋于一致的倾向，而对创造力的认同成为聚焦的中心点。

任何认同本质上意味着由两方面内容组成：认同者（The Identifier）和被认同对象（The Identified）。正是我们在前面章节已经讨论的重点——创造力——作为设计师的行为实践的中心，成为被认同对象。而认同者则由自我、组织和商业系统（消费者和企业家）以及社会系统构成一个认同群体。因为涉及不同的认同者对设计的一种态度，所以我们把设计价值认同涉及的有关创造力的相关维度放到某种文化属性（组织文化）和不同场域中来理解。

从设计师的“隐匿”与“在场”，我们揭示了背后“创造力”的驱动作用，而从创造力的系统模式的构成来看，必然又涉及他者（OBS 框架中所涉及的三个对象），这之间的“认同”构建成为认同者与认同对象之间彼此“内在化”（Internalisation）[7] 的一个过程。这三个层级构成一个逐级扩展的结构，在一种融合和交叉的关系中，彼此间的知识系统以内在的价值判断衔接在一起，构成知识排列的“层系”，从而实现了我们所搭建的一个认识设计师身份、设计创造力以及不同认同者的 OBS 框架的完整形态。

4 周宪：《文学与认同》，载于《文学评论》，2006 年第 6 期，第 5—13 页。

5 ［美］曼纽尔·卡斯特：《认同的力量》，曹荣湘译，北京：社会科学文献出版社，2006 年，第 10 页。

6 同上。

7 关于社会行动者的“内在化”可参加卡斯特的有关论述。另外，在帕森斯看来，由弗洛伊德、米德和涂尔干对于个体对社会规范和习俗的内在化的同时发现是“现代社会科学几个真正重大的发展之一”。

组织认同：设计师专业价值的体现

个人发展所呈现出的形态，我们在前面已经有所分析，在由个人组织成的群体所构筑的社会场域中，以创造力为核心展开了对设计师存在状态的分析。通过前面章节的讨论，我们可以看到构成设计师生存状态的个人内在因素——创造力——所起到的决定性作用，但仅有创造力显然并不能构成设计师个体完整的自我认同，唯有各种规范性知识和经验相统合才能获得“自我认同”（Ego-identity）。

埃里克森将自我同一性界定为“一种熟悉自身的感觉，一种知道‘个人未来目标’的感觉，一种从他信赖的人中获得所期待认可的内在自信。”[8] 个人通常是依据他人的看法认识自己的。那么作为设计师这样一个群体，因为特定的职业角色而拥有相同行为模式或者规范的人有组织地出现时，有必要对设计师和设计组织彼此间的认同，以及所涉及规范性展开讨论。

评价系统：单位组织——专业圈

在这里，“专业圈”概念的提出有助于回答上面的问题。“圈”的形成表明一种带有文化上的同质性和行为上的相似性的场域的存在，而在以“职业专属”为前提的场域——专业圈和其他场域进行交流时，它通常以“组织”的面目出现，因此，当个人的身份与专业圈的属性有了互为投射的关系后，就涉及组织对设计师的认同问题。作为设计师最基本的活动单位，设计组织如何看待设计师的创造力构成了设计师个人自我认同的基础。

美国组织理论家赫伯特·A. 西蒙在《管理行为》一书中认为，“组织”是“一个人类群体当中的信息沟通与相互关系的复杂模式。它向每个成员提供决策所需的大量信息、许多决策前提、目标和态度；它还向每个成员提供一

8 Erikson, Erik, *Identity and the Life Cycle: Selected Papers*. New York, International Universities Press, 1959, p118.

些稳定的、可以理解的预见，使他们能够预料到其他成员将会做哪些事，其他人对自己的言行将会做出什么反应。‘组织’在某些社会学家的论述中也被称作‘角色体系’”。[9]

在商品社会中，由于设计师与受众的关系及交互作用始终存在着不稳定性，因此变化和冲突充斥在设计活动的各个环节中，这种情况恰恰需要有一个能够允许各方参与者“提供预见”的组织的出现，以帮助设计师能够在庞杂多变的劳动关系中确立责权层系。由此可见，“协作在劳动生产中的必要性”是促成设计师的专业圈以组织形态出现的根本原因。通过组织化的系统秩序安排，可以让设计师与周围环境达成一种动态平衡的稳定状态。

其次，从个人与整体社会的发展关系来看，时至今日，人类自身的存在方式已经“不再是那种原初单子式的、形式上的个人平等自由样式孤独地存在着，而是在一种平等的社会结构中存在着……在这种关系中，每一个人的权利与义务都受到社会结构的有效规定与保护，个体间的相互权责关系是在宏观社会制度背景中被规定保护的”。[10] 这种变化和发展让我们看到个人的身份确立与集体的组织形态有了更为密切的关联与互动。更进一步说，以大量创作性实践活动为专职的设计师一方面在构建我们社会的形态，另一方面又被社会形态所构建，因此，设计师的工作既是抱着独立的批判精神的个人行为，同时又是受到外界群体共同影响后的结果。由此看来，组织的成型可以“运用自己生产的有关一个既定环境的知识，以诱导置身于这一环境中的行动者对实践做出诸种更改”[11]，设计师在组织的作用下得以将知识的“产生”和知识的“生产”紧密地结合在一起。

最后，从公众的认同感来看，由于设计师专业圈有着相对持久的、高度组织化了的、协会性的特征，因此是合乎社会规范的“正式的组织”。组织内部的成员有着自身与非集团成员之间的自觉程度以及成员彼此间以对相似性的认识为基础的感情上的一致度，因此它与出自“临时的共同心绪或共同关注”而短

9 陆江兵：《技术·理性·制度与社会发展》，南京大学出版社，2001 年，第 67 页。
10 宋希仁主编：《社会伦理学》，太原：山西教育出版社，2007 年，第 87 页。
11 [法] 埃哈尔·费埃德伯格：《权力与规则：组织行动的动力》，张月等译，上海人民出版社，2005 年，第 419 页。

暂、偶尔集合在一起的“集体行为”有着很大的差别，是一个目标、责任、行动都比较明确的团体；同时，专业圈的形成还带有非常明显的工作或技术上垄断的特性，人们通常对身处这一组织中的人的能力和专长抱以愿意信任的态度和愿意表示服从。就以上两个方面来说,组织的形成有利于提高人们对“设计师”这一角色的领会能力。

此外，“圈”作为在心理视觉上的一个闭合空间，意味着设计师的组织具有“局部性”和“排他性”。设计师职业的社会角色分配决定了设计师不是无所不能的，因此他有着知识和能力上的“局部性”，而也正是这种局部性反过来又证明了设计师“将自己所创造、发明的成果完成商业推广和消费者教育”这一经历与其他职业组织团体经历的差异化，使设计师的组织在内容上含有“排他性”的特点。然而，设计师的专业圈不是一种静止的、凝固的状态，由于设计物最初的开发、生产、销售总是经历了从少数专业人士逐渐扩大到更广泛的大众中的过程中——从这个规律来看，设计师的专业圈又是动态的涟漪结构。这意味着如果以一种单纯的造型活动是基于物品功能性的设计活动是这个涟漪的中心，那么当它转变为在一个相对的生活圈中的普遍规则时，就成为涟漪上那些大小不等的同心圆。这样一种变化的、有条件的规则，在人们的生活领域的各个层面得到普及，个体家庭或团体、不同的民族、国家和宗教，在这样一套共同价值之下，是全球化进程中所必然出现的一种全球化的伦理，它必然反映各方的利益和共同的价值观。

由此，我们可以得出判断，专业圈的存在是设计师社会组织程度越来越高的表现，设计工作曾经是少数个人的事业，而今却成为一项重要的、在某些方面是决定性的社会生活的部分。在这种日益变得机构性和计划性的运作里，设计师个人及其身份的“隐匿”与“在场”就被赋予了更多“组织分工与合作”的动机，因此，设计师的个人与公众沟通行为往往不是出自设计师本人的意愿和安排，而是体现了其背后的那个利益团体的追求目标。

设计师身份——自我认同

作为居于组织中的个体成员，其自我及认同形成，一方面是社会交往作用，另一方面，从“签名设计师”到“顾问设计师”，再到“品牌化设计师”，设计师不同时期身份的转化源自设计师自身行为方式的转变。这样一种以完善自我为内驱力的自我角色的调整，反映的是设计师主动改造产业、改进社会的愿望。从这个意义上说，设计师从“隐匿”到“在场”的身份确立可以被视为一个历史时段内一个群体性的奋斗结果，是“自我存在”的一种价值体现。在第二章有关设计师职业化形成的论述中，作为一个独立的人、一名组织的成员、一位管理者，或是影响设计的诸多因素中的一个有机构成，只有当他的“设计师”的身份得到确立以后，才能够真正开展各项形式的创造活动以及参与和设计有关的一系列举措。如果以含糊不清的面貌出现，那么将会在“收集客户信息来源→设计者编码→表达设计”的产品开发循环中引起混乱和阻塞。因此，身份是设计师价值呈现的合理化前提，身份必然被当作是自身意义与认同者之间的连接点，没有了连接点，即没有了某种身份，认同则失去了其合理性的基础。

关于设计师身份

当前设计师的处境与 20 世纪的设计师相比已经有了很大的差别。仅就在二战后至今的五十年时间跨度中，早期设计师所信奉的“面向产品”（Product-oriented）的设计观点已经转向了对“面向过程”（Process-oriented）设计方式的探索[12]，这种转变意味着工业设计产品不再仅仅局限于技术的范畴，而是成为一个受到多领域影响的、技术与社会进程的“综合体”，而设计师的基本任务也从解决产品的外部形式转移到形式与结构、功能的协调上来。在日益繁杂的设计需求中，设计师要不断地解决在一个产品周期内陆续出现的各种问题以取得生产上的进展。由于这种改造是逐步的、互动的和递进式的，每一个步骤都关系到对设计进展的衡量，因此设计师被要求能够提供一种或多种设计原则、方法和操作工具——包括判断力、直觉感受、反应速度、把握机会的能力、创

12 Eckart Frankenberger, Petra Badke-Schaub and Herbert Birkhofer (Eds), *Designers: The Key to Successful Product Development*, Great Britain, Springer-Verlag London Limited, 1998, Preface.

新性以及个人资质（例如知识眼界、启发他人的能力和条理性）。只有如此众多的技能集于一身后，设计师才能够“一针见血”地提出解决问题的办法。无论他们是单枪匹马地接受项目挑战，还是以组织成员的身份参与创作，设计师首先要在公众面前和组织内部确立自己的身份定位，以便在错综复杂的社会空间和设计活动中找到行动的参考坐标。

“身份是一个人的特征，是一种与自身一致的东西。这就是个人可以成为独特的个体，也因此能够很容易被识别”[13]。当我们提到时装设计师香奈儿时，一般都会产生如下的联想：

（1）黑跟米色浅口鞋；

（2）马特拉斯皮加鎏金链肩背女包；

（3）黑色小连衣裙；

（4）拜占庭十字形彩色胸针；

（5）“香奈儿剪裁”镶边外套；

（6）卡多根缎带发结；

（7）山茶花胸花；

（8）刻双“C”字鎏金纽扣。[14]

这些是香奈儿设计作品的经典之作，也是香奈儿本人出现在公众面前的最强烈的视觉化个人符号。这些视觉化标记的背后，是香奈儿所表现出来的对当时主流文化的一种拒斥和颠覆，其借鉴男装的手法标志着新女性的着装方式在新时代获得了前所未有的自由。随着时间的推移，在历史观的重新认识下，香奈儿时装由最初的“以男装为雏形”的设计继而转变成为“女性现代性的象征”[15]——这种对于两性身份的“能指”和“意指”进行倒置的结果，让人们感受到一种前所未闻的新境界，从而也树立了香奈儿自己与众不同的身份，她被标榜为“唤醒女性内在表达”的启蒙者。由此可见，设计师的视觉形象和内在的精神性在伦理（作为“存在”）与他所传达的美学（作为“感受”）这两方面

13 ［法］吉尔·利波维茨基、埃丽亚特·胡：《永恒的奢侈：从圣物岁月到品牌时代》，谢强译，北京：中国人民大学出版社，2007 年，第 148 页。

14 同上书，第 165 页。

15 同上。

的高度统一，成就了设计师身份的独特性。身份，还是“可以使中断得到连续的东西，是使断裂复合的东西”。[16] 这样的连续记忆，不仅对个人的形象是一个不断强化的过程，而且也是一种视觉印象与心理体会的统一过程。在绝大多数情况下，设计师自我身份的确证，就是一个“作为个体从最初的边缘和低等，到处于事件的中心位置”的过程，并且其中还充满着变化，甚至决裂。例如，尽管赫尔穆特·朗（Helmut Lang）[17] 这样的设计师已经从各大时装中心的T型台上和媒体面前消失，但作为极简主义（Minimalism）的代表人物，其职业的身份和作为设计师做出的那些贡献却是始终无法褪去的，人们在谈论20世纪的时装设计风潮和代表人物时，他仍将是个无法回避的关键角色；而在实际的日常生活中，也依然有一批拥趸对他的设计风格念念不忘，并将这种敬意继续通过实际的购买行为来进行表达。可见在审美和伦理的一致性之下，设计师主体已经被重新构建了，这样的一种符号烙印意味着身份是根植于每个人的心灵深处而很难随着外界的刺激改变的——类似于英国诗人约翰逊在评论莎士比亚的作品时所说的那样：“他的角色不会因为不同地区的习俗而更改，不会因为在世界的其他地方而不可行；学习或专业的特殊性可能产生影响但程度很小；也不会因短暂时髦或当时偶然出现的观点而受到影响。”[18] 这种外在的断裂无法割断内在的身份来源，随着时间的累积，身份的持久性还会不断地得到固化，身份因此具有“恒常性”。

最后，身份作为一种“可识别特征”可以被用来区分自己与他者，从而使个人的信息符号凸显。“一对一”的身份特征随着设计师职业活动的展开而不断得到清晰和强化，其职业身份和个性特点也在某种权力关系的组织下形成了一种有别于他人的独特面貌。个人之外的诸多控制机制和文化进程交织在一起的“多轨机制”将人的不确定性身份抽离、化简、整合到一种“唯一”状态，而这种“排他性”也正是成就设计师独特价值的先决条件。同时，身份还具有国界和区域的差别，不同地域的设计师总会有一种集体的身份特征，譬如，北欧的

16 [法]吉尔·利波维茨基、埃丽亚特·胡：《永恒的奢侈：从圣物岁月到品牌时代》，谢强译，北京：中国人民大学出版社，2007年，第150页。

17 有关设计师赫尔穆特·朗的介绍可见 http://en.wikipedia.org/wiki/Helmut_Lang_（fashion_designer）。

18 《莎士比亚序言》，见《约翰逊论莎士比亚》，伦敦，1931年。

设计师在造型语言上共同表现出对材料和色彩审慎、节制的态度，他们偏爱自然材料，推崇传统手工艺，自觉地将设计活动与社会责任联系起来，无论是瑞典的宜家（IKEA）家具，还是芬兰卫浴器具都富有一种冷静沉着的理性主义色彩和强烈的人文关怀。在时装界“安特卫普六君子”（The Antwerp Six）所掀起的比利时“佛兰德斯新风尚”也体现了这种北欧设计的精髓所在，无论是马汀·马吉拉（Martin Margiela）的“旧衣重组”，还是安·迪穆拉米斯特（Ann Demeulemeester）的“非黑即白”，似乎都带有“人性化功能主义”设计师的烙印。[19]

设计师身份的合法性

在当代社会文化多元化的迅猛发展情势下，整个社会的结构、性质及其运作方式都因设计力量的介入而使其生存环境笼罩上了浓厚的文化性，[20] 设计师仿佛拥有一种无形而巨大的力量，不仅从宏观上改变着社会面貌，也从微观上改变着人们的行为举止、风俗习惯乃至健康状况。那么，设计师的这种“力量”的存在是合法的吗？究竟是什么允许他们改变了我们周围的一切呢？

在这里，作者认为，设计师“权利”（Right）的存在是构成“设计师身份合法性”的实质性归属。而“以一定社会承认作为前提的，由其享有者自主享有的权能和利益”的权利注释也向我们揭示出构成设计师权利的两个有机部分——设计师的“权力”行使和作为权力对象——消费者的“服从”。

就权力（Power）本身而言，是指某一特定的主体因某种优势而拥有的对社会或他人的强制力量和支配力量，权力的内容着重于强制力的实施，从这个

19　事实上，这种情况在时装界颇为常见，当我们听到设计师的国别时，脑海通常都会浮现与之相对应的身份特色。例如，法国设计师——艺术家；英国设计师——颠覆者；美国设计师——市场营销能手；日本——禅宗的继承者……人们时常通过称谓的置换，来辨清设计师身份的特征指向，在“差异化、个性化”居上的消费需求里，这种身份的“集团归属”无疑将有助于设计师提升自身的信誉度和加强竞争能力。

20　设计改变我们生活的场面到处可见：大到公共空间，例如弗兰克·盖里（Frank Owen Gehry）以解构语言所塑造出来的那些违背以往“以空间为核心诉求的设计传统”的建筑作品，小到日常用具，例如菲利浦·斯塔克所奉献的透露着欢快、幽默气息的“兔子”牙签筒——都让人们有了新的观念和体验。

意义上说，它是阶级社会的政治产物，具有不平等的因素。然而，尽管权力的本质是扩张的、富于攻击性和侵略性的，但是权力也有促进“积极作为”的要意——这对于“以不断突破包括客观世界和人类自身在内的局限性，按照自身不断进取和发展需要去创造新的生存空间”[21]为己任的设计师来说，具有非常重要的现实意义。那么，设计师作为这种“不平等”行为的发出者，他又是如何使自己的这种支配和强制公众的行为转化成为一种与公众“共存互惠”的关系呢？这就是通过树立的设计师个人“权威”。美国社会学家丹尼斯·朗提出“权威是权力的形式”[22]，他的这种观点与包括马克斯·韦伯在内的许多社会学家所认为的“权力表现为支配或制约，权威表现为号召、率领和自愿认同”的观点很不相同。在他看来，当把重点集中在“权力占有者的资源”和“权力对象的动机”任何一方关于强制和自愿问题上时，就会令讨论陷入一种无休止的状况当中，而无益于说明事情的真相，因此，倒不如将目光集中在寻求二者之间本质关系的研究上。总而言之，权威就是要他人在未经验证的情况下接受自己的判断，而这似乎也是设计师的职业特点之一。

具体来说，首先，设计师权威的强制性是通过“使设计活动受到国家政体的认可和保护”这一途径来实现的。试想，如果“2008 奥运会徽标”的设计不是经由国家承认并且实施法律保护，它又怎能顺利出台并迅速传播到世界的各个角落里去？对一个偏远山区的农民来说，他或许并不懂得对徽标的形式美感和色彩寓意进行理论上的赏析，但是他知道，这是国家认可的东西，因此几乎无条件地就服从了徽标设计师所有的意指。这种强制“只需掌权者与权力对象之间有最小量的沟通和互相理解，就可以迫使后者服从”[23]。其次，如果说强制性的权威是以政治权力为基础的话，那么设计师的引诱性权威就是在设计师对设计物施加非物质方式（例如提供服务和感情支持等）的利益交换中得以实现的。在引导消费者完成一种冲动购买行为中，设计师用知识和技巧换取了实实在在的产品的货币价值。而对于消费者来说，那件产品很可能并不为他

21 李亮之：《世界工业设计史潮》，北京：中国轻工业出版社，2001 年，第 1 页。

22 [美] 丹尼斯·朗：《权力：它的形式、基础和作用》，高湘登译，台北：桂冠出版社，1994 年，第 57 页。

23 同上书，第 66 页。

所需，或许只是当时由它唤起了心中某种情感和回忆而已，也正是基于这样的原因，设计师往往首先被要求“深谙人们的心理活动”并“具备一个营销人员的头脑”。最后，权威之所以具有合法性是因为设计师通过把自己的诉求目标与“寻求社会成员赖以组成一个互相理解和负有义务的系统”的规则和程序等同起来，对消费大众做出了“寻找各种更合理、更巧妙以及符合人性的方式为现代人创造更加优质物质生活”的承诺，从而确立了设计活动集体观的价值属性。这种要与消费者的内在利益真正保持一致性的先决条件为设计师的权威设定了一个空间制约，因此意味着设计师所拥有的是一种“可以被治理”权力，从而使权威具有了“合法性”。以上通过对设计师权威形成过程的分析，我们可以推断，由于受到国家法律、经济目的和公众意志的制约，使得设计师的权威不是一种可以被无限放大的能量，而是更多被等同于“拥有特殊知识或特长的人”，他们发出的命令由于“可做合理化的详细说明的可能性”[24]，进而转化成为代表“资格”的“个人权利”，而设计师的身份也因此具有了合法的地位。

另一方面，由于“合法活动只有在分享价值的条件下才有可能，也就是说，法律只有在某些人要求和认可的条件下才有可能”[25]，因此对于设计师而言，获得一个团体或社会的认同就保证了自身设计的连续性和凝聚力。“认同”是设计的提供者与接受者在精神上谋求共同点的过程，它涉及设计师与他者的相互间关系。由于人造物的“提示”及“象征”功能，造成了不同人心目当中大相径庭的认知结果，因此要在与消费大众之间实现“记忆及情感的对接”是对设计师能力的极大挑战。他们通过设计技术层面上的控制向公众展示对自身历史的开发（其中包括已经获得的知识系统和个人道德操守等），唯有当这种开发的结果持续以高品质的设计物出现时，消费者才会逐渐因为对产品的依赖进而产生对设计师个人权威的崇拜，即消费者的理性和欲望都被设计师所建立的设计理论体系征服后对之产生的一种坚定的信任，这种信任关系也体现在设计师的个人信仰唤起了消费者的共鸣。以密斯·凡·德·罗为例，作为现代主义先驱的建筑设计师，“建筑是一种精神活动”的理念贯穿了他一生的设计实践，

24 卡尔·弗里德里希：《权威、理性和判断》，载弗里德里希编《权威》，第35页。

25 ［法］让·马克·思古德：《什么是政治的合法性》，王雪梅译，潘世强校，中国法学网，http://www.iolaw.org.cn/shownews.asp?id=1999

他在 1930 年《构筑》(*Bauen*)一文中写道:"我们必须设定新的价值,固定我们的终极目标,以便我们可以建立标准。因为'正确的'以及'有意义的'对于任何一个时代来说——也包括这个新的时代——都有着非凡的意义,那就是:给精神一个存在的机会。"这里道出的就是密斯·凡·德·罗个人的设计价值观,是他个人信仰的表现。在设计里,他把这种抽象的价值观存在转化成为具象的六面体造型、钢架和玻璃幕墙,而这种现代主义建筑风格几乎改变了整个现代化城市的天际线。其作品所流露出的古典式的均衡和极端简洁的风格创造了一种前所未有的人们对待建筑的看法,那种非视觉化的事物常常给人以一种暗示,这种暗示(而不是说教)所呈现的神秘力量与人类发展历程中所出现的伟大的艺术品一样,能够最大程度地唤起了人们的感觉、感情和认知的升华。由此可见,这种"团体认同"反映出来的是一种集体精神及其赖以生存的方法,"服从者心甘情愿地接受"证明了设计师的"意志授予"是一种合法强制的形式,设计师身份的合法性也因此得到了保障。

综上所述,对设计师身份合法性的探讨是要显示目前和未来的设计师的工作为什么有能力组织社会生活,以及如何开展这一职业活动使构成社会认同的价值观能够被有效地现实。在如今"把越来越多的力量填塞在越来越少的空间环境里"[26]的形势下,设计师行使权力的合法化被注入了更多的新的内容和新的要求,因此,设计师需要抽离出自身个人的视角并站在一个更加宽广的场域,抱着对环境和社会负责的态度为他者设计,才可能成为他者中的一分子。

设计师的自我认同

以认同为基础所确立的设计师身份作为一种意义和经验的规定性,强调的是一种结果,"是个人在社会中的位置"[27],在一定的时段这种结构保持相对的稳定(设计师身份的动态表现在不同时期的内在规定性有所差别)。设计师的身份构建过程,是设计师个体在社会情境中通过自我分类,使自己有所归属,获得

---

26 卡尔·弗里德里希,《权威、理性和判断》,载弗里德里希编《权威》,第 12 页。
27 [英]阿兰·德波顿:《身份的焦虑》,陈广兴等译,上海译文出版社,2007 年,第 5 页。

区别于别的群体的自我观点的形成。设计师身份的获得是伴随着设计师的自我认同一起发展的，"自我认同指的是自我发展的过程，通过这一过程，我们形成了对自身以及对我们同周围世界的关系的独特感觉"[28]。如果我们考察吉登斯给予自我认同的定义，我们会注意到，其中的自我是指个体对自己存在的觉察。就设计师职业而言，设计师身份成为一种预设和假定，个人在不断的自我学习和自我检视的过程中，如果与设计师职业的特征或者职业属性达成同一，则实现了自我认同。我们需要注意的是，正如艾里克森所说，人的内部发展是与社会发展综合起来的，具有对内外力量的适应性。设计师的自我认同涉及设计师个人对"我是谁"以及"我们存在的意义"等问题的追问，关系到设计师个人，包括其设计观以及设计思考和设计行为等在内的自我发展。我们可以确定的是，设计师能够依据其已知的文化和个人经历构成前面我们所论及的每个人自我认同的核心问题（即所谓"存在性问题"）。

但是，晚期现代性所带来的"个人无意义感"，以及"生存的孤立"对道德源泉的渴求，需要实践一种圆满惬意的存在经验。[29]这就使设计师在新时期对自我发展的过程中所遭遇的问题必须做出新的解答。而一旦我们意识到这种情形，便会感到困惑和焦虑，造成设计师个人的自我认同的危机意识。设计师作为"反思性实践者"[30]创造性地解决问题的能力将使其获得一种所谓"自我认同的新机制"。在这种新机制中，自我认同"一方面由现代性制度所塑造"，另一方面个人也能够通过重塑或再创造自我认同（这有赖于个人的意志和选择）去"塑造现代性制度本身"。[31]

在自我认同中隐含了两个具有密切关联的特质，即自我指向和自我表达。自我指向，指的是自我认同是自我（作为认同主体）对自身的认同。而设计师的自我认同被认为是设计师以设计实践的方式对于自身及其周围世界的一种感知，反过来，这种设计感知是通过设计师与外部环境所发生的交换行为（这必

28 ［英］安东尼·吉登斯：《社会学》，赵旭东等译，北京大学出版社，2003 年，第 38、39 页。

29 ［英］安东尼·吉登斯：《现代与自我认同》，赵旭东、方文译，北京：生活·读书·新知三联书店，1998 年，第 9 页。

30 Donald A. Schon, *The Reflective Practitioner*, Basic Books, 1983.

31 ［英］安东尼·吉登斯：《现代与自我认同》，赵旭东、方文译，北京：生活·读书·新知三联书店，1998 年，第 2 页。

然涉及消费者和企业家的态度以及他们的认同）才获致或创造出来的。这样，对设计师设计行为的反馈就结合了他者的意见，设计师与他者的同一性并不是自然而然获得的，而是多种因素合力产生的结果，是一个带有发展变化多种可能性的过程。所谓自我表达，指的是自我认同采用的是以某种自我表达——或者是内在的自我表达，或者是外在的自我表达——的方式所追求的认同。设计师自我表达需求是一种新形态的文化需求，它产生于文化的变迁、经济的发展基础之上。设计的表达，就是对当代人自我表达需求的证明。如果说内在的自我表达是一种个体通过内省达到使自己的内部状态和外部环境相一致的心理调适的方法，那么外在的自我表达则是个体在互动中通过选择合适的角色扮演，以使他人产生扮演者所期望出现的印象的方法。熟悉商业系统的有机构成，或许能够使设计师个体拥有更充分的自我表达的自主性，最终，设计师通过其设计语言中证明了自己。

专业知识和组织记忆

设计师和设计组织有组织的反应构成了特有的设计文化模型。今天，我们很难看到具有相同文化模型的企业和机构，如同企业力求企业文化的独特性一样，不同的利益单位都各自在探寻自身所特有的设计文化，并努力使其成为整个企业文化的有机组成部分，但一种普泛性的基础知识是必备的。

组织知识（Organizational Knowledge）

今天信息变换节奏的快速是历史上任何时期都无法比拟的。设计语义的变化和扩展对设计师提出了更高的要求。1964 年国际工业协会联合会（ICSID）对设计做出了定义，指出设计是一种创造性活动，它的目的是决定工业产品的造型质量，这些质量不但是外部特征，而且主要是结构和功能的关系，它从生产者和使用者的观点把一个系统转变为连贯的统一。由此定义我们可以读到，设计包含了消费者一方，而隐含的有关消费者的知识自然也成为设计师应该关注的范围，比如消费者心理学。因而，在产品提供和接受这样一种买与卖的交换活动中，有更深层的含义需要设计师去把握。在新千年后，我们发现 ICSID 对设计的定义做了修订，与 1964 年的定义进行比较，同样强调了设计是一种创造性活动，但是将造型活动的概念扩大为确定产品、生产和服务的全方位的质量这样一个更高的目的，并且将设计视作在一个整体的生活圈中规范的制订。而且我们注意到，ICSID 将设计提升为创新、技术人类学的中心要素，以及文化与经济变幻的关键元素这样一个地位。对新事物的探询本就是设计师工作最重要的内涵，而像今天这么开阔的知识系统，对个人而言，无疑仍是一个相当大的挑战。

这种变化显示出各种新的知识类型存在于组织中的管理和经营层面，已不再局限于设计本身；它往往被认为是无形资产和“不可测量”。然而，知识的获得和随后使用的过程往往是通过个人不连贯和默契的方式。由于认识到了设计跨学科的性质，以从前所学到的相关知识作为现在认识事物和叙述理念的出发点，显然已经跟不上知识系统的更新了，因此，必须通过超越专业领域知识范围的方法来打破这种自行的封闭。

ICSID 同样强调了，设计关注于由工业化——而不只是由生产时用的几种工艺——所衍生的工具、组织和逻辑创造出来的产品、服务和系统。限定设计的形容词“工业的”（Industrial）必然与“工业”（Industry）一词有关，也与它在生产部门所具有的含义，或者其古老的含义“勤奋行为”（Industrious Activity）相关。也就是说，设计是一种包含了广泛专业的活动，产品、服务、平面、室内和建筑都在其中。这些活动都应该和其他相关专业协调配合，进一步提高生命的价值。

知识长期以来一直被认为是一种重要的商业资源，设计师的观念输出正是在商业领域中得以体现价值，因而它从造型问题到商业领域的知识扩展也成为必需。由个人形成的网络不可能提供组织要求的所有日常具体知识，因此，非正式组织继续成为小型具有竞争力的企业的活力源泉。这些网络包含社会资本，正因如此，往往为公司的生命添加了巨大的价值。成功地整合不同来源的资料可说是提供了“信息优势”，这也符合个人创作性得以发挥的系统性要求——在商业领域的知识扩充就需要设计师个人借助非组织的形态去实现。

设计师个人在不同场域中所获得的知识经由组织有效地保留和嵌入，然后，一个评价过程需要进一步发展、完善和嵌入到日常实践。以这样的方式，知识能产生具体和有价值的能力，而这又普遍被看作是“社会资本”。衡量社会资本构成了规模的问题，往往是通过个人与个人的努力得以界定。一些观察家，如伯特在 1992 年曾试图衡量个人网络的实力和多样性。不过，这种非正式组织的渠道最终是在一个特定的组织中发挥效能，单靠个人可能无法构建他们通过别人所知道文脉，恰恰是借助组织的力量将个人托举出来，同时借助网络将小型组织的有关设计的知识潜力在商业领域中加以推广放大。

在一个知识创新公司似乎呈现出一种强烈的趋势，就是将自己视为知识工作者。设计师似乎也被归入其中，作为对社会做定期观察的设计团体，使隐性知识明确化（形象化、视觉化）是设计师的职业，而事实上，这可以作为一种设计进程本身的隐喻。推广设计知识可能是一种对精神性的追求，而这种潜在于每个个体中的、默许的“行为”，是定期自我审视以及知识更新的整合。功能性知识往往被视为设计知识的基础，并可能作为观念输入的证据，才能够进一步考虑如何为设计师复杂的技能提供合适的商业出口。如果以此为界，进入商业领域之前设计师所有的知识都还好似潜在的自我修炼，那么这之后不管设计师愿不愿意，都将面临被更大的网络的评价。正如前面我们所谈论的，设计师的创造性是从组织中生发出的，因此，一方面，个人的知识系统构成了组织的整体；另一方面，组织也影响了设计师知识的选择。在许多以设计为中心的组织，这样的划分和认识可能还没有被发现，这也许可以解释为什么对设计文化的评价显示出复杂性并且常常是矛盾的。

讨论至此，我们有必要对设计师的知识做一个重新的认识。较以往我们的惯常思维有所区别，比如在专业技术的划分和定义上，不同于有关设计技巧的划分方式。我们将这八项知识分类又划为了三个板块，明确的知识、默许的知识和陈述性知识可以成为一组，传统意义的设计技巧就包括其中，一种明确的、写下来的知识具体成为了信息，一种信息时代和知识时代的结果，这就是我们通常说的明确的知识。采取一个模型或规则的形式，以一种确实的方式产生出一个有意的结果被称为陈述性知识，除了这两方面的知识，我们特别要提到的是默许的知识这一分类，可以看到这样一种方式将设计的特殊性体现了出来，在理性和感性之间游弋的设计创作中，我们要清楚地认识到诸如灵感、偶发、感觉等语义的重要性，即设计师对直觉的做事方式和倾向是本质的，也使几乎所有人都对此达成共识。接下来，我们将程序、启发式知识和规则系统知识纳入一个框架，在设计过程中，由顺序的或重叠的阶段组成，每个阶段都有特定的活动、决策和反应。设计师根据组织已有的程序进行工作，同时又会对已有的程序做出新的评价，从而进一步完善程序，程序能够保证结果的最大有效性，避免无谓的失误。最后的两项分别是深入的知识和浅层的知识，可以看到二者是相互转化的，深层知识必然扎根于大量实践所积累的经验，经过梳理提炼上升到理论的高度，成为可以言说的、有支撑的知识。对于设计这样一种实践先行的学科，浅层知识同样重要，许多的知识最初可能是非常浅显和直白的，但是认识的深入同样可能转化为深入的知识。

这一对知识的具有开放性的划分方式，即使在商业上的知识体系，同样可以纳入这样一个划分中来，并且也是设计师需要把握的。通过对技巧的考察的分类整理，反映出设计师和设计的许多方法可以影响商业决定。从理论和实践两方面的观测和研究认为，在组织学习的框架内，“可持续性”将是来自能力和技巧。通过知识发展和技术诀窍，从公司那里可以争取到具有竞争优势的政策，因此作为设计的管理者必须要先了解一个项目需要的各类技能，例如，知识必须是可用的以及设计活动和设计师如何做出贡献。戈伯和杜马斯主张，设计主导的公司需要了解设计如何影响着商业的不同方面，随后，他们会自动让它参与到企业决策制定。

我们再从另外一个切入点来分析组织的知识。

ICSID 在界定设计的概念时提到了设计的任务。[32] 他们认为，设计师固然要以物质形态的产品形式作为研究对象，但是产品不仅需要从语义学的角度来把握，同时还必须强调它与美学的协调问题。这一主张在 ICSID 的任务排列表中处于最后一项，当然这并不意味着它不重要，只是表明了设计任务具有渐次深入的关系，即设计师在对物质形态的把握一定要在精神层面上展开才能够保证产品的最终效果。“一种没有本源力量作基础的现象是贫乏而空虚的。只有每种内部力量超越它外在的表现方式向外扩展时，生命才能获得会提高它部分真实

32　有关信息可参见国际工业协会联合会的主页，http://www.icsid.org。

的无尽可能性。”[33] 将设计视作一种能够提升全球道德规范、社会以及文化道德规范的核心要素，并非出于设计师自我标榜的目的，其根本源于设计本身的属性以及个人对灵魂的改进。正如齐美尔对文化评价的那样，设计的改造或许并没有宗教的力量那么强大，又或是像道德纯洁性、原初创造性那样，可以直接在灵魂内部完成。设计师通过设计的物品间接实现这样一种自我救赎，从而走向一条新型的商业语境中的文化之路。

组织的记忆（Organizational Memory）

组织保有其特色的过程是组织记忆较一般化的现象。由于大部分组织的记忆是储存于人类的脑袋中，人员的流动成为组织长期记忆的致命伤。如何找出组织记忆的特性？我们可以从认知心理学由了解人类的专长（Expertise）着手。专长奠基于知识，没有知识便没有专长。知识被以索引式的百科全书的方式储存起来，技术上称此为生产系统（Production System）。在生产系统上存有知识，专家遇到任何状况，可很直觉地找出适当的解决方法。组织的记忆就像个生产系统的大集合（A Vast Collection of Production Systems），愈来愈多人类的专长被储存于专家系统（Automated Expert Systems），因此，使组织记忆系统化为一种文化模型，并成为一种可能的文脉健康生长的保证。上述的组织知识在人与组织的自我修炼和保护下逐渐趋于完型，设计师也在其中找到自己的精神家园。每一机构和组织都有自己独特的设计文化，在这样的环境里，对组织成员的行为有一种教化和规训的功能。

由于人的短期记忆的限制，其遵循维护和处理主题范围时，必须首先是一种无自我意识的活动。对于限制的反映，提出了一个关于主题范围设计的模型，此处引入了三种概念：1. 一个为了处理主题范围的工作空间充分地包含了短期的记忆功能并很好地延伸到了非自我意识心理。2. 在工作空间中接近知识的过程整合成设计师的短期自我意识和以长期记忆中的非自为意识来延伸记忆以及中期记忆的处理。3. 理性和非理性的协作概念通过可以感知的设计师的行为达

33 ［德］格奥尔格·齐美尔：《时尚的哲学》，费勇等译，北京：文化艺术出版社，2001 年，第 70 页。

成四种记忆类型的协调。

认识到个人的记忆类型后，进入对组织的记忆探讨，戴勒·瑞·布朗（Dale Ray Brown）有关设计认知的分析对此探讨有一定的参考价值。布朗认为，真实世界设计的发展、缘由在一种非常复杂的外部和内部的个人环境。设计师从一个界定的个人的框架来感觉和影响工作环境，通过他的有价值的图像加以过滤。一个设计师的“客观的”计划、模式和叙述作为人造物，即是一种必需的延伸记忆也是一种个人和共享感觉的改编图像发生作用。记忆和图像是由设计师个人启动，并进行视觉化的呈现，所谓客观性当然是基于一个更为庞杂的外部环境和内部环境的双重压力。如果一个人，特别是设计师，当按照自己的意愿行事时，如果无法获得别人的认同，那么显然意味着没有人乐于为你的想法采取行动，更不用说可能会导致抵制行为了，这样的结果必然会迫使设计师个人的主观性让渡于一种更广泛场域的客观性。

当将个人记忆放置在一个更广阔的范围时，又涉及将设计师的主题放置于文脉中的个人价值管理。设计师所持主题范围的功能就像一个特殊项目、记忆中的概念文件夹。主题范围相关知识构成网络关系，包含问题、联合以及价值判断。设计师为了完成一件设计产品，需要有目的地识别、操纵和计划这些关系。当进行主题范围的设计时，设计师既有自我意识也有非自我意识地采用消极的、沉思的和积极的状态来认识过程，因此，理解在过程中接受和学习差异性的冲击对提高设计是至关重要的，可见设计的过程中参数的多样性。

适合创新的组织形式

当等级原则成为共同生活的基础时，等级地位的属性，在原则上成为与生俱来的属性，且自然而然地被看作基本的属性。设计师在一定的组织中展开自己的专业设计活动，是“已有归属”的人。聚集在一起参与设计制作的设计师们成为“共创者”，设计师在一起共同做梦、共同思考、在问题意识上也彼此交锋争论，有效地构筑了一个内部的沟通网络，相互作用和补充，一起将梦想变成现实。

所有创新始于有创造性的想法。成功地实施新项目，新产品推出，或新的服务依赖于拥有不错主意的个人或团队，以及发展这一想法超出其初始状态。较之传统心理把握创造性的方法，其着眼于创新人才的特点。我们认为，社会环境能够影响创造性行为的程度和频率，在创造力的系统模型中对此曾经有过讨论。将创造力视为在任何领域，新型和有益想法的生产，是一个开放的定义。这里我们将创新的范围框定在一个组织内成功的创意实施。按照这种观点，创造性是个人和团队创新的一个起点；首先，是必要的，其次，它并不是充分条件。我们要意识到，成功的创新还取决于其他因素，它不仅可以从源于一个组织内部创意开始实施，也需要源于其他知识系统（如技术转让）的支持。

从某种意义上来说，是组织的结构而非设计师酝酿出创造力，需要谨慎的是，对于设计师来说，强加给他们一个高度结构化的制度，可能会造成设计师的不适，由此可能还会排挤创造力所依赖的思想和行动的灵活性。[34] 我们注意到，之所以希腊在公元前 5 世纪成为创造力的中心，佛罗伦萨在 15 世纪成为创造力中心，而巴黎则在 19 世纪成为创造力中心，就是因为这些城市成为了各种文化的交汇点，大批文化精英蜂拥而至，多种信念、生活方式和知识在这里融合交织，由此激发出蓬勃的创造力。从理论上讲，设计组织当然有理由、也应该是创造力的中心，只是从规模上无法与城市相提并论罢了，但城市巨大的包容性给人的精神成长带来了富足的养分，也为组织结构的科学性和先进性奠定了坚实的基础。宏观环境所包括的生活的社会、文化和制度环境，以及微观的个人置身其中的环境，如果构成了一个有意义的、和谐的时空环境，其中所潜藏的“文化资本”可能会有助于设计师创造力的产生。[35]

那么，什么是适合创新的组织形式呢？在此，我们可以做出一个基本的假设：其一，组织对创作性行为是积极赞同型，还是被动反应型；其二，在对新鲜事物做出挑选时的宽容度；其三，组织在社会网络中拥有一定的优势，这意味着与外部组织间的关系是协调的是，能够获得外界支持的。适合创造力生长的组织以这三个方面构成一个评价体系，这符合米哈伊・奇凯岑特米哈伊从专业圈

34 ［英］玛格丽特・布鲁斯：《用设计再造企业》，宋光兴等译，北京：中国市场出版社，2006 年，第 169 页。

35 ［美］米哈伊・奇凯岑特米哈伊：《创造性：发现和发明的心理学》，夏镇平译，上海译文出版社，2001 年，第 52、138 页。

的角度所提出的对创造性产生影响的关键要素。而理查德・佛罗里达提出的 3T 原则——技术（Technology）、人才（Talent）和宽容度（Tolerance），同样可以作为判断组织是否有利于创新的标准。[36] 佛罗里达谈到的技术将在经济发展中发挥基础性的作用，而技术同时又是和人打包在一起的整体，技术是由人发明的，也是由人来掌握和操作，二者无法分割。无独有偶，佛罗里达和奇凯岑特米哈伊同时都提到了宽容度，一种开放的、多样性和宽容性的组织无疑最能激发设计师创意的发挥。

作为一种思维方式，无论是奇凯岑特米哈伊还是佛罗里达，他们所提出的这些关键点对组织的结构要素都是适用的，会反映在诸如：权力、内部组织的用人、控制、对变化和新的思路的态度、情感植入、授权、良好的网络、有说服力且良好的沟通、组织的独特品牌价值、促进和管理用户和供应商的能力等方面，以及所涉及的类型多样的人员——从在内部的设计策略、设计流程中起到关键作用的常务董事到管理财政问题员工等，这些都需要与设计师之间形成某种开放性，以及在信息上的共享。设计组织存在两个领域——设计师和组织本身。当这些都聚集在一起时，很重要的是通过管理使组织和设计师建立彼此的认同关系，以获取和分享知识的办法，进而做出创新的决定。

早期有关组织内社会环境影响的创造性研究，在组织层面、项目管理层面和工作小组本身的层面，已经揭示了工作环境的某些方面。虽然对工作环境影响的看法可能会出现在组织内几个不同层次中，关键点和潜在的模式着眼于个人的看法和这些有关其创造力看法的影响。基本的假设是，工作环境的感觉可以影响在组织中执行的创造性的工作，有效的组织会竭力营造创造力得以释放的语境，设计师应将设计放置在其组织、组织的单位与工作小组中加以考量。因此，影响运作的他者态度，较之观念本身及其与创造力关系的重要性增强。例如，个人是否觉得自己的同事、上司或高层管理者鼓励他们在项目工作中承担风险，重要的事实是，他们感觉到这样的鼓励。因此，关键点及其潜在的模式包括在组织中的几个层次对创造力的看法。

36 ［美］理查德・佛罗里达：《创意经济》，方海萍等译，北京：中国人民大学出版社，2006 年，第 37、38 页。

在阿马比尔（Amabile）[37] 的创造力成分模式和组织中的创新研究中，已经尝试在组织创造和创新的理论语境找出涉及创造力工作环境的问题。三大组织因素被提出，包括几项具体内容：1. 创新的组织动机是一个组织走向创新的基本方向，也是贯穿整个组织对创造力和创新的支持。2. 资源是指目标为了创新的一个领域中，能够提供援助作用的、组织可用的一切（例如，在某领域有足够的时间用于生产新的作品，以及练习的有效性）。3. 管理的做法是指允许自由或自主开展工作，提供具有挑战性的、有意义的工作，规范明确的总体战略目标，并通过团结具有不同的技能和观点的个人成立工作小组。

伍德曼、索耶和格里芬 [38] 对组织中的创造力采取了类似的理论观点，但是他们将其模型扩展到另外两个路径，包括外部影响以及组织内部的影响，他们在其互动方式中突出了个体的内在因素。在他们的模型中，组织中的创造性行为是投入工作环境的两种类型的功能（投入超过了参与这项工作的个人特性）：1. 组织特征是规范的、组织的凝聚力、规模、多样性、角色、任务的特点，以及组织中问题解决的方法。2. 组织特征由组织文化、资源、报酬、战略、组织结构，以及对技术关注等构成。关键点选择了工作环境中的这些方面。

在组织中的文化和亚文化的开创性作品中，肖克曼 [39] 发现，虽然组织环境的某些方面可被视为相似的，纵观组织内隶属的小组其他方面，确有相当大的差别。使用完全不同的方法，我们在实践中发现，一个工作小组的成功或失败很大程度上取决于组织的氛围和环境，这是不容忽视的状况，因为这在很大程度上取决于设计组织中的设计师。因为设计师和组织两者均处于动态变化中，即使在同一个组织，组织中的不同团队可能会经历相当不同的工作环境。此外，在我们评价组织的理论和实证的工作中，某一特定组织的子群的效力、日常运作，以及必须与他们共事的员工的反应，可能有很大差异。而我们发现，有意义的组织间的分歧在工作环境的维度中应该被预见到，在不同的公司、部门、

37 http://www.innovation.cc/peer-reviewed/creativ7.htm

38 Richard W. Woodman; John E. Sawyer; Ricky W. Griffin , "Toward a Theory of Organizational Creativity" , *The Academy of Management Review*, Vol. 18, No. 2. (Apr., 1993) , pp. 293—321.

39 Sackmann, *Culture and Subcultures: An Analysis of Organizational Knowledge*, Administrative Science Quarterly 37, 1992.

工作小组，往往也会是有意义的、组织内部的差异，而这恰恰为创造力的激发提供环境。组织中少数人所发出的异样声音值得我们精心倾听。

从以上问题的分析来看，各方的重点都是围绕创造性来展开，设计师需要具备创造性，创造是一切创新的种子，以及在一个组织内对创新（执行人们的思想）心理的观察，这些创新有可能影响产生新想法的动机，最终合力达成创造力在组织中的完美展现。而这正是设计师专业价值的体现，也是设计作为一种创造性活动的本质在组织中的动态呈现。

商业认同：设计师商业价值的表达

1995 年英国政府竞争白皮书谈到，“设计的有效使用是改良产品、过程和服务创新的基础。好的设计能为产品增加值得注意的价值、引导销售的增长同时即能够拓展新的市场又能巩固已有的……挑战是将设计结合到商业过程中。”[40] 由此我们可以看到，从设计与企业之间的合力所产生的商业成功使设计在商业系统中获得了广泛的认同。

评价系统：商业环节

人们一直在不懈地寻找对设计价值的共同认识，是否确有其事呢？是否仅仅是创意人群自我认可的价值系统呢？尽管专业团体称，他们能够进行自我指涉，即建立和保持一种“文化”形式，但我们不应该忽略，设计是各种各样的商业文化中重要的组成部分，能够为公司引导出积极的战略利益。这让我们把视线转移到了商业领域，为了使设计价值能够在商业上有所实现，一个组织文化模型的构建是必要的，在前文已经做了探讨。而在商业领域中，设计管理者（传统的企业管理者）通常被视作在设计师和其他经理人之间组织设计过程和管理关系的仲裁者角色，其重要性可见一斑。今天，由于营商环境已发生改变，设计已经涉及更多的其他商业功能的目标，在公司的业务策略中扮演了一个更重要的部分，这是设计管理者（设计师的新角色）必须要面对的。

体现在商业系统上对设计师的更大程度的认同，首先就是能否获得经济上的成功，能否帮助企业拓展销售业绩。这一点当然是评价设计师商业价值的标准，正如韦伯在谈到资本主义精神时，对“富兰克林道德教诲的根骨始末”[41] 所揭示的“赚取钱财，只要是以合法的方式，在近代经济秩序里乃是职业上精诚

---

40 Milk Press and Rachel Cooper, *The Design Experience*, Ashgate Publishing Limited, 2003, p39.

41 ［德］马克斯・韦伯：《新教伦理与资本主义精神》，康乐等译，桂林：广西师范大学出版社，2007 年，第 30 页。

干练的表现与结果”[42]，在今天，设计师在商业环节中有必要也有义务意识到这种“职业义务”（Berufspflicht）[43]，我们现今生活在一个既存的资本主义商业环境中，个人居于其中就必然会与之发生经济关系，“制造业者要是长期违背此规范而行，注定会被市场经济所淘汰，就像劳动者不能或不愿适应这样的规范，就会变成失业者沦落街头”。因此，设计师能否融入这样的商业环境中，不仅是职业自身的规范所致，同时也是商业经济秩序的内在规定性。以此作为对设计师的评价标准，势必将考量设计师的半径扩大，同时，设计如果要实现最优化，对设计师而言其自身的知识系统也必须换代更新，这也是设计师成为设计管理者的最根本的原因之一。但我们必须要警醒的是，商业标准绝不是评价设计师价值的唯一标准，当然商业上的成功意味着有更多的人使用了你的设计物品，而设计的价值也随着接受范围的增加而辐射开去，但我们必须要问设计物品中承载的是何种价值？唯有如此，在商业环节中的评价的系统性才得以完善。下面我们将深入探讨。

设计师价值的商业体现

前一节对有关组织认同所涉及的关键问题展开讨论。在商业环境中，同样会涉及组织问题，但侧重点有所不同，这一节涉及的是组织对外的有关商业的策略。彭妮·斯帕克曾谈到设计联合体的问题，并将其放在大工业时代以来的核心位置上，显然对设计价值的考量半径已经扩大。

当我们谈到“设计”时，通常我们会把它看作是表面性的东西。而事实上，当我们所从事的是“方案——体验——梦想——实现”式的商业时，我们就必须认识到“设计”才是企业灵魂之所在。无论是普通的员工还是企业的最高执行人员，都需要有这种认识。托马斯·沃森（Thomas Walton Jr.）[44]就认为，好的设计是 IBM 公司过去 18 年成功的关键原因之一。

42 ［德］马克斯·韦伯：《新教伦理与资本主义精神》，康乐等译，桂林：广西师范大学出版社，2007 年，第 30 页。

43 同上。

44 托马斯·沃森于 1955—1975 年任 IBM 公司董事长。

安德鲁·萨默曾经对公司意图在商业上获得成功提出他的看法[45]，仅仅生产好的产品是不够的，必须进行创新，体现在产品的精巧程度、独创性以及好的设计上面，最后他特别强调的一点是有关销售的，而能否在销售环节具有创造性一下把整个商业系统的大循环纳入了设计师的视野。设计师应清楚，“市场”有两种概念：一是指销售的市场。二是指生产的产品不仅取得货币价值，而且产品本身也是交换的载体（尤其是指非物质性内容的交换）。因此，设计师应该充分认识到真正的“市场”不仅是销售的市场，还是一种具有内在功能的、可进行交换和使用的“市场”。丹麦营销专家杰斯帕·昆德在其著作《卓越公司》中写道：“大多数的经理人还不知道在无形世界的基础上实现价值的增值，但这已是未来市场的要求，在这个世界上，我们并不缺乏‘物质’产品。”这些论述都清楚地表明了一种观点，就是全面把握物质形态的设计和作为精神形态的设计，设计作为文化建构是融入商业体系中的，唯有如此才能最终获得市场的认同。“文化形式不是自足地存在的，他们仅仅是上层建筑，而上层建筑是建立在另一种更深的基础上的。”[46]在这一基础上，我们会看到经济现象与经济取向是一切历史现象发展的真正动力。

经过设计的人造物不同于其他普通的物质性商品，其已经嵌入了明显的文化性，因此是一种特殊的“非物质文化”（Nonmaterial Culture）。经过设计的事物在工业化以来的人们生活中的地位也愈发重要，它们的功能和可靠性受到比以往更加持久的考验。“当我们尝试着定义它们的文化位置以及确立它们和人类的关系（或是和人类应有的关系）时，一个抽象的、几乎是超现实主义的特性显露了出来，那就是物质客体在工业生产条件下大量复制或变异复制，并通过大众消费系统向一切看似遥不可及的终端扩散。”[47]鲍德里亚认为，机械复制消解了设计的唯一性，服务的程度跟商品的价值相关联，是消费时代的明显证据。这一观点指出，设计不是个体占有商品有用价值的逻辑，事实上，它是在社会意义上产生的生产和操作的逻辑。如果说设计的意义因为批量化的消费而

45 原文是：公司想要在新千年历生存，就必须进行创新，生产好的产品是不够的，这些产品必须是精巧的、独创的、设计良好的和创造性地销售。——Andrew Summer，设计委员会 CEO。设计委员会，1999 年。

46 ［德］恩斯特·卡西尔：《人文科学的逻辑》，北京：中国人民大学出版社，2004 年，第 164 页。

47 莫里约·维塔：《设计的意义》，何工译，《艺术当代》，2005 年第 2 期。

丧失的话，显然并不客观。那么，设计如果是一种有意识的复制，在设计师和消费者两端都需怀揣一颗“警惕的心”，因为“复制什么”是问题的关键，即在设计中尊重多样性意味着不仅要考虑产品是如何制造的，还要考虑它是“如何被使用”和“被谁使用的”。这是一种文化的变迁，往哪里走是相互协商的结果。

如果把消费视为构成解释工作动力和商业认同的要素，那么我们在选择的背后看到的是一种渗入信任的社会关系。吉登斯对信任所下的定义是，“对一个人或一个系统之可依赖性所持有的信心，在一系列给定的后果或事件中，这种信心表达了对诚实或他人的爱的信念，或者，对抽象原则（技术性知识）之正确性的信念”[48]。他反复强调了一种诚实、正直的概念，而且技术性知识的抽象原则成为信任的重要对象。由此，设计的交换价值在一种正确的信念中展开，消费本身也成为社会需求的一部分。这种社会需求包括进入愿望的社会阶层和建立理想的关系，获取特定社会阶层的流行商品，从而允许这种愿望的实现和理想的关系的发生。我们也看到，信任背后的沟通从个人到物品、个人到个人、个人到群体以及群体之间是一种系统化的展开，如果彼此间传递出的是一种积极的信息，彼此允许个体与其自身以及他者的文化相接触，在理性的范畴内表达自我，那么设计才真正成就了自身。正如有学者所提出的关于“设计”行为的解释，认为“设计是一种精神的意向、一种意志的力量，是一种思想转化为行为，转化为物质的可能。设计的过程是物质产品精神化的过程，或者在另一种情况下，使精神的意向物质化的过程”[49]，物品的商业价值便在这里找到落脚点，商业认同以消费者和企业作为主体被嵌入了日常生活当中。这也印证了道格拉斯（Mary Douglas）和伊舍伍德（Baron Isherwood）的“一切物质商品都具有社会意义”[50]的观点。

罗伯特·杰拉德（Robert Jerrard）和大卫·汉兹（David Hands）[51]认为，设

---

48 ［英］安东尼·吉登斯：《现代性的后果》，田禾译，北京：生活·读书·新知三联书店，1998 年，第 30 页。

49 许平：《设计“概念”不可缺——谈艺术设计予以系统的意义》，《美术观察》，2004 年第 1 期。

50 Mary Douglas & Baron Isherwood, *The World of Goods: Towards an Anthropology of Consumption*, New York: Routledge, 1996.

51 Robert Jerrard and David Hands Edits, *Design Management*, UAS and Canada: Routledge 2008, p8. 在 *Design Management Case Studies* 中，罗伯特·杰拉德和大卫·汉兹通过（转下页）

计的作用表现在以下五个方面：一、降低生产和制造成本，以及缩减昂贵材料的使用；二、强大的客户忠诚度，常常是由设计为顾客提供了真实的、实实在在的利益所起的作用；三、开发新的和创新的产品与服务，能够在激烈的市场竞争中提高市场占有率；四、通过更好的信息设计减少客户投诉；五、通过嵌入符合品牌特色的客户体验的业务方式，改变组织对设计的理解。

我们从中可以看到，设计对生产制造环节的理解是非常基础的环境，而与顾客的沟通则是设计师作为设计的出发点，正像国际工业协会联合会对设计定义的扩展那样，服务以及为品牌所树立的形象等方面正在发挥出越来越重要的作用，使得设计的价值在商业上得到一种良好的体现，由 PACEC 为设计委员会所做的研究（2001）在图表三中清晰地表达了这样的趋势：

百分比表明，公司在过去三年设计、创新和创造力，对下列各项所做的贡献：	
增加营业额	51％
改善组织形象	50％
实现利润增长	48％
加强与客户的沟通	45％
提高服务 / 产品的质量	44％
大大提高市场占有率	40％
开发新产品	40％
改善内部沟通	28％
降低成本	25％

图表三　设计的商业利益[52]

以上数据显示出设计在商业领域上所创造出的巨大价值，请注意，不仅仅是营业额的成倍增长，在组织内部的沟通和外部的形象方面也大发挥了巨大的作用，尤其是在改善外部对组织的印象所提升的百分比到达 50%，这从数字上体现了从产品本身所获得的提升，同时也意味着在文化及道德方面的彼此增益。

（接上页）开放的案例研究，对设计管理与商业成功的有机联系做了深入分析。

52　Robert Jerrard and David Hands Edits, *Design Management*, UAS and Canada, Routledge, 2008, p8.

设计所获得的商业认同以一种活跃的、上升的商业销售曲线体现出来的绩效证明了自身。

知识系统创新：从设计师走向设计管理者

随着设计师在第二阶段所获得的商业上的成功，作为一个必然结果，设计师的责任也随之扩大，设计角色已经被拓宽了，设计管理者成了设计师可能发展的新身份。在许多大机构，包括从生产到服务提供商，设计管理者被委以越来越大的责任。而设计能取得巨大的商业价值，与设计管理的有效性是密切关联的。

设计管理的技巧体现在变化的环境中，维持并促进协作系统长期持续存在的专业职能，涉及在不同的组织的部门间及组织内部的良好沟通和协调，不仅仅是在设计部门，包括生产、财务、营销和销售等，一个设计项目的成功有一点很重要，就是决策层的支持，这样才能为设计创新提供充分的财力和人力等各方面的支持，确保设计项目的开始直至其成功地结束。早在 1979 年，由科菲尔德（Corfield）提交给英国政府的有关设计的重要报告称[53]，在面对日益困难的国际市场时，有效的设计管理是企业保持竞争力的关键。报告中强调了，产品设计应该被公司由董事会层级直接负责，就如同生产和财务等主要的业务功能一样，应该受到高层的重视。假使疏忽了“对采用一个好的、强有力的政策设计”，就极有可能导致公司走向破产。此外，报告认为，“公司应该在董事局中指定适当的成员，要求他们将承担设计功能作为首要责任”。从科菲尔德的报告中，我们看到了他将提升设计的问题希望寄托在了管理者身上。即便科菲尔德的报告已经给予设计师如此高的评价，却仍然遭到评论家的批评，正如我们所分析的那样，他将设计自身角色的任务缩小到了一个孤立的群体，缺乏改造大环境的策略观，只是被动地等待别人对设计的认可，主动介入的意识并没

53 Design improves the competitive edge of a country in the international competition; it develops exports,（Corfield, 1979; Rothwell and Gardiner, 1983; Ughanwa, et al., 1988; Walsh, et al., 1992; Riedel, et al., 1996; Sentance, et al., 1997）and favors technology transfer（Ayral, S., 1990）.

有被提出。有研究者就认为科菲尔德没有做出明确建议，即设计人员应被委任为公司董事会，也就是设计师成为管理者的角色转变的可能性。而这正是设计委员会多年来，试图推动（虽然非正式地）设计师进入董事会的重要使命。托帕利安在针对让设计师进入公司董事会的问题上保持了一种审慎的态度，他承认设计师成为公司管理高层的重要性，认为这是朝一个正确方向迈出了一步。不过，胜过过分热衷于将设计师改造为设计董事，他建议，设计专业应该集中在一个更明智的做法，就是使设计人员和管理人员更好地在承担他们各自的作用，同时增加灵敏度和彼此了解。也就是说，一种整体对设计理解力的提升比少数个人的改变更为重要。[54] 因此，让管理者了解设计如同是在被河流阻隔的两岸架设起一座桥梁，拆除掉管理者和设计师之间的教育和文化的屏障，而且彼此之间的一种相互理解和信任的关系是同样重要的起始点。产品设计需要个人具备各种技能：机械工程师、生产工程师 / 生产经理、产品设计师 / 工业设计师、科学家、电气工程师、营销人员和生产人员。其中，对设计一个特定的产品所需要的人才依赖于产品的类型，以及它是否对现有的产品是一大改进或是新的产品。

我们回过头来，重新检视一下传统意义的设计师所应具备的知识，根据沃尔什（Walsh）等人和克罗斯（Cross）的观点[55]，对工业和产品设计师的要求主要集中在创造力、分析及技术技能三个方面，包括：

隐性知识——来源于经验的、国有的和主观的知识，处于系统或产品的运作之中的方法。

视觉想象力——不存在物体的想象能力——新奇的机械装置、结构的组件和产品形式。设计师需要以一种新方式看待事物，以获得新的解决方案。

概念表达——通过图纸、草图和模型传达概念的能力。

研究技能——获取和吸收了大量信息的能力，并能够确定其重要性。

沟通技巧——能够听取客户、用户、管理、其他的设计师和市场营销和生

54 Alan Toplalian, *The Management of Design Projects*, London, Associated Business Press, 1980, p80—81.

55 Tony Murray, *A Conceptual Examination of Product Design, Appropriate Technology and Environmental Impact*, www.ruadesign.org/pdf/productdesign.pdf , 2007.7.

产人员等各种不同人的意见的能力。

一般来说，设计师也应具备工效学的知识、陈述技巧、经济学、设计流程、时间和项目管理和各种计算机程序方面的能力。一种实用的知识，生产技术和生产工艺也是必要的，可以保证生产的切实可行。

对照一下设计师的新角色——设计管理者，我们会很清晰地发现二者在知识系统上的要求是有所区别的。下面我们将对设计管理所包含的内容做进一步的梳理。

设计概念	管理概念
设计是解决问题的活动	过程 问题解决
设计是一种创造性的活动	概念的管理、创新
设计是一种系统的活动	商业系统、信息
设计是一种协调活动	传达、结构
设计是一种文化和艺术活动	消费者优先选择、组织文化、身份

图表四　设计和管理的比较方法

对设计和管理各自的活动半径进行清晰的划分有助于我们对两个不同范畴有一个初步的把握，这在莫佐塔（Borja de Morzota）的研究中有清楚的展现（图表四）。[56] 对照沃尔什和克罗斯对设计传统知识的陈述，我们看到，设计师和管理者的角色所发挥作用的侧重点迥异，从动手到动脑的活动转变也意味着不仅是不同个体所担当的不同角色，同样可以是一个人不同时期的角色转换，这就需要个人的知识体系不断的扩展，个人的主动选择甚为重要。

设计师和管理者的联系在许多人看来并非那么亲近，其中所存在的冲突问题更为普遍，只是作为当事人双方应该认识到，冲突是非常必要的，因为表明设计问题的不同角度都经过了彻底的辩论，有助于对设计本身的完善。[57] 库普

56 Robert Jerrard and David Hands Edits, *Design Management*, USA and Canada: Routledge, 2008, p4.

57 [英]玛格丽特·布鲁斯：《用设计再造企业》，宋光兴等译，北京：中国市场出版社，2006年，第174页。

尔（Cooper）和普里斯（Press）就曾指出，“设计管理”这一术语包含着某种根本的矛盾。尽管设计是基于对世界的探索和承担风险，管理是建基于控制和可预见性。将两者结合的结果，呈现出管理架构可能会减弱设计师创作范围的一种风险。对于那些“管理”的设计，限制设计师的洞察力和想象力的危险性，是一个重要的问题，而仅有的、为创新留下空间的制度，应该得到实施。[58] 这样的担忧也不是没有理由，从事设计管理的多数人是学管理出身，因此传统思维定式在面临新的知识系统时，陌生感会形成一种先天的屏障，如果要打破这一隔阂，设计管理者就需要真正了解设计师的工作方式，从而使该项目管理良好，不会抑制创造力，更深层的动因应该肇始于对设计、对美的关注。

值得我们注意的是，皮尤（Pugh）对设计管理的任务提出了一种更全面的视角，“围绕一个处于系统和有纪律的框架之中的核心设计活动”构成了皮尤所提出“总体设计”（Total Design）的模式，这是基于设计过程是为解决设计问题的一种创造性系统化方法而延伸开的。其中市场须优先考虑，并在概念设计阶段详尽的规格需先于其他方面制定。这个被广泛接受的模式在商业化阶段是完美的，但总体设计的范围已经扩展，涵盖了所有事物，包括“支配”，如服务、营销和重新设计。他的“总体设计”模式提出了互动阶段的六个范畴，通用于所有类型的设计；每个阶段有一个特定群体的知识应用。对过程中设计团队内部的角色管理，他指出，需要在运作中平衡双方的“静态”和“动态”的模式。[59] 如果对照我们前面所谈到的设计文化模型，就可以看到彼此间相互包含的结构。

设计工作中需要“跨职能”的合作。任何成功的设计方案，特别是新产品的开发，来自主要参与者的承诺和参与是最重要的保证。“将设计作为一个孤立的活动是危险的，非主流的活动不应该过分地夸大；这样一种做法充其量导致漠不关心或是缺乏承诺，最坏就是它可能会导致对设计结果的完全拒绝。”而设计师如果成功转型，就会将设计和管理的各自的角色任务做打散，然后再综合，这就避免了从某一单个角度出发对设计问题的评价，从而使设计结果往一种更

---

58 Rachel Cooper and Mike Press, *The Design Agenda*, New York, John Wiley & Sons Ltd, 1995, p272.
59 Stuart Pugh, *Total Design*, Addison-Wesley Publishers Ltd, 1991, p1.

客观理性的方向发展。

对于组织采取稳健的设计管理策略逐渐从一种外部的需求转变为组织内在的构成项，唯有如此才能在激烈的市场环境中保持竞争力，设计管理者应该有意识地从现在开始提前十年规划未来。这就必须通过不断提供设计完善、具有竞争力的产品来实现。要确保机构合乎逻辑地向前发展，那么与设计联系的战略工作就必须放在企业发展规划的核心纬度中。这同 1993 年，由英国政府白皮书考虑推荐的一个战略框架有所呼吁，白皮书的指导意见称，公司在为新的产品和服务制定规划时，应该采用一个为期十年的范围。由此我们看到，作为设计管理者对事物未来的走向所应把握的一种预见能力。比如，今天的设计管理者应该清楚说明组织如何在动荡的行业能够预见“变化”，如信息技术、电信和生物技术等。这样对设计师原有的知识体系必然需要升级换代，才能适应当代社会的变速发展。

设计管理被视为设计未来发展的一种方向，最为重要的是设计管理者能够使设计的价值冲破个人主义的束缚，走向一个更广阔的空间，从而实现设计价值的最大化。从另一个角度来说，设计管理者的角色更容易获得更大程度的认同。如果说设计师通过自我技术的改造，多掌握一门技巧，从而有利于设计的延展，这同样不失为一种设计师职业在未来发展的策略性思考。

社会认同：超越设计师的神话

设计作为一种改造社会的力量，其战略制定过程既可以是一种概念性的设计或者实施方案，又可以是设计师的远见或者系统分析，也可以是彼此借鉴或者相互竞争的学术政治，集中表现在个人意识、组织文脉及其生长的整个社会环境的彼此观照，各自都保持自己的坚定立场，或是一种高昂的战斗姿态又或是默默地自我技术改造。这些设计策略所形成的不同观点自身呈现出别样的结构，而其中最根本的在于“我们正在把社会看作一个精神过程”[60]，这无疑成为认同系统的第三个层面——社会认同——最关键的评价标准。在社会文化的认同上，设计师不仅与大众是一种共生关系，作为经过系统思考能力和受过专门训练的专业人士以及知识分子，设计师有责任也有义务对一般经验提升到文化和科学的水平做出必要的提炼和加工。

评价系统：普遍性的社会系统

在社会现实中，不管设计风格发生什么变化，连接前现代主义和现代主义的改造社会的理想显露出某种历史连续性，为探究设计自身价值，一批现代设计的先驱如穆特修斯、亨利·凡·德·威尔德、弗兰克·劳埃德·赖特、沃尔特·格罗皮乌斯，以及雷蒙德·罗维等，谋划并着手对设计自身的缺陷进行技术改造，此举是基于社会发展的客观事实，面向未来的积极思考。而这恰恰是今天他们依然雄踞在设计殿堂的原因，他们在今天依然“在场”，影响并指引着大批设计师的未来走向。就像福列特所宣称的那样，“精神力量的相互融合同时创造了个体和社会，因此，个体不是一个单位，而是力量（向心力和离心力）中心，从而使得社会不是单位群，而是一个复杂体，它辐射和汇聚、交叉和再交叉能量”[61]。这其中所强调的精神力量的渗透力和影响力，同样可以作

60 ［美］玛丽·福列特：《福列特论管理》，吴晓波等译，北京：机械工业出版社，2007年，第254页。
61 同上。

为对设计师的评价标准，能够满足这些条件的设计师当然获得了最为广泛的社会认同。以此（精神性）为指引，新的生产结构所具有的强大力量在前面提及的一批设计领袖的带领下，在更大范围内获得了成功，“美一旦指挥了机器的铁臂，这些铁臂有力地挥舞就会创造美”[62]，正如凡·德·维尔德的这句话所说那样，这批现代主义者坚信新工艺、新技术、新材料能够产生现代的美，同时也流露出对自已的信心。他们坚定地站在了现代主义的阵营，这种生产结构使人的生活走向现代，也注定要逐渐摒弃掉贫瘠的自然和乏味的物品，并使它扩大到这一社会的建造者和使用者生活的整个全球范围之中。无疑在社会认同这一层面，这批设计师处于在场的位置。当今的生活由工业化、机械化和标准化构成，因此竞争机制和速度感都要求设计师出于提高生活的目的，应该具备非凡的创意本领。舒适、简便和标准化的理念由此就首当其冲地为各个领域所接受，因为有此清晰的精神线索为引导，才使得我们能够避免“不受人的文化模式——有组织、有意义的符号象征体系——指引的人的行为最终会不可驾驭，成为一个纯粹的、无意义的行动和突发性情感的混乱物，他的经验最终也会成为无形的”[63]，这样一种尴尬的境地。

设计师能够获得社会认同，还取决于社会大众和商业组织，这一使得设计价值具有革命性成就的共同建构者显然提高了设计在社会变革中的位置，体现在社会进步、美学发展、伦理规范等各个方面。进一步，专业人员角色的复杂化在某种程度上是作为知识增长的直接副产品而产生的。无论是通过修改职业准则还是政府直接干预，反正专业人员被加给了新的义务，要考虑设计所产生的外部影响——超出客户关心范围的那些影响。[64] 如此一来，设计通过不断的自我校对一步步融入社会中，始终保持着有利于物质内容和精神内容的演绎形式。而这样一种乌托邦色彩的设计运动在彭尼·斯帕克看来，“从机械到简单的几何形式，这种哲学上的跃变是由现代运动中的领衔主角们所创造的。它是一种信仰上的而非事实上的跃变，尽管如此，它仍然不仅在理论上而且在实践中

62 ［英］尼古拉斯·佩夫斯纳：《现代设计的先驱者》，王申祜、王晓京译，北京：中国建筑出版社，2004 年，第 10 页。

63 ［美］克利福德·格尔茨：《文化的解释》，韩莉译，南京：译林出版社，1999 年，第 58 页。

64 Herbert A. Simon, *The Sciences of the Artificial*, The MIT Press, 1996.

显示出了机械美学的全部外貌”[65]。彭尼·斯帕克将信仰视为设计的根本，在精神性的物质转化过程中，设计的价值在思想和行动两个方面都得以凸显。我们还应注意，设计师及其受众之间的冲突是必然的，正如雷纳·班汉姆（Reyner Banham）在谈及“第一机械时代”[66]时认为，冲动这样一种非理性的特征所扮演的角色其分量可能大大超过了理性色彩。尽管设计师从内心出发，怀揣美好的愿望以求创造更完美的生存环境，但普遍认为，要将精神、美学、社会及商业这些设计所涵盖的方方面面融合一起是相当困难的。这也使得对设计师的考量不可能是一种简单化、教条化的固定模式，动态性和普遍性成为在社会认同层面上考察设计师系统的主要特征。

因此，在社会认同这一层面的评价系统中，社会的主体构建者——消费大众——具有身份的双重性，他既是设计物的使用者，同时也是评判者。这种关系是以商业交换价值为基础的，继而是对物品实用价值之后的精神价值的体会和认同。当我们从外界审视社会时，当这一相互关系呈现出良好状态时，设计师的价值获得全面的“在场”。

设计神话与社会认同

对设计的全面分析会不断遇到障碍，从各个角度的研究可能得到的是各种悖论的叠加。但是这完全不影响我们认识它的许多可能性和不确定性，以及它的弱点。设计文化试图通过具有特殊意义的设计理念来解释和定义被设计的客体，这个过程是赋予物质客体意义的过程，也是设计文化和被设计客体命运同一化的过程。当这种同一化物质是社会认同的一个符号、一种沟通手段、一个身份的影像或者它的模仿、一个物态对象和一件工具时，设计也就成为一种社会分析手段，一个从宏观到微观的介入方式、一种语言、一种时尚，甚至一种意识形态。它的能量和弱点并存于其存在中。就主流而言，设计是通过对具体

65 ［英］彭妮·斯帕克：《设计百年——20 世纪现代设计的先驱》，李信等译，北京：中国建筑工业出版社，2005 年，第 6 页。

66 Reyner Baham, *Theory and Design in the First Machine Age*, London: The Architectural Press.

事物的改造和对人们生存行为的影响来推动社会转变的因素，它在发现新的源头并使它们成长为流行文化中起关键作用。同时，对一切边缘文化现象和对最固执的个别行为，设计也是给予细微关注的。

如果你沿着日本东京表参道往南青山方向行进，无疑最能抓取你眼球的当是普拉达震中（Prada Epicenter）旗舰店了。这座有些扭曲的大楼顶部呈一向上的斜角，外墙的玻璃全部是菱形的呈斜线向上延伸，在细节上也值得推敲，玻璃幕墙并非传统的平板玻璃，而是凹凸的圆拱形，有些地方向外凸出，但连续的几个起伏后在一处突然又凹陷下去，在光线的推移下变幻莫测，许多偶然的效果会瞬间出现。因为环境的变化，其外观会有不同的呈现。每一次去都会有不同的外观呈现，这或许也是设计师的技巧所在。

时装设计师和建筑设计师有一个相似的地方，他们较其他设计师而言，更多地处于“在场”的位置，这样说是以普通大众的认知为标准，建筑以其宏大的叙事方式而征服大众，时装则以其日常性而最让人亲近。如果你问一个普通的消费者对设计师有何了解，他们通常对时装设计师和建筑设计师都能够细数一二。当普拉达（Prada）与库哈斯（Koolhaas）以及赫尔佐格和德・梅隆（Herzog & deMeuron）设计联手时，在业界和普通大众中都获得轰动效应，而普拉达与各个建筑师合作所推行的“企业与顾客之间的新型互动关系的实验场所”这一概念也深入人心。当你置身震中旗舰店时，会被一种无形的力量所引导，建筑师赫尔佐格也承认：“我们想使我们的作品有吸引力，我们想吸引人们。”而对于创造者和接受者之间的不同的系统之间，如要能够进入他者的框架中，就“必须插入他们的系统，变成他们世界的一部分”。事实上设计师是“在各个不同的方面——在人们的感觉、直觉和智力上——吸引了他们，他们就能理解你的作品。这涉及引诱他们，使他们参与进来，让他们兴致勃勃，打开自己的思想。这不仅仅是创造一个美的物体或美的表面。”[67] 而权力的进入显得是那么的轻松，处于弱势的消费群体不是在判断产品好与不好了，而是在掂量我适合吗？或者说是我能够拥有吗？在权力和感召力两个方面，普拉达都表现出

67 《Prada：与艺术共舞》，《世界品牌实验室》，http://brand.icxo.com/htmlnews/2007/12/20/1229580.htm

过人的策略，能够“从流行的东西中提取出它可能包含着的在历史中富有诗意的东西”[68]，一种诗意的权力使普拉达成为了当今时尚的抗旗人，甚至被神话。这也体现在了“Waist Down”（腰部以下）巡回展上，2004 年底，普拉达在日本东京青山内展出“Waist Down”裙展，于 2005 年 5 月移师中国上海的和平饭店，选在饭店内的中国、美国和英国 3 个主题套房内，展出普拉达自 1988 年至今最具有代表性的裙子。随后又移师纽约，在 Soho 公司总部揭开“Waist Down”展览。

普拉达的这些举措从表面看来，似乎是时尚与艺术的联姻，但这清晰地反映出“奢侈品企业已经从卖方思维，既创作和创造者市场过渡到买方思维，着重考虑需求、竞争、市场和消费者的品位”[69]。作为全球最大的奢侈品集团之一，“普拉达绝对是当今时尚界的超级领袖”[70]，普拉达“最突出的地方是它的企业文化已经跨出了时尚界的小圈子，出落得更加‘艺术化’”[71]。这在普拉达的一系列行动中得到最好的印证。

马尔库塞有句名言：“美使人们感受到自身，使得他们更政治化，因为对于面前的事物，他们感到自己有一种能力、一种潜力、一种理解。”[72] 设计师所具有的创造和引导美的权力与感召力绝非先天拥有，而当设计师个人具备这样的力量的时候，大众的认知会发挥出最具威胁的力量，水能载舟也能覆舟，对设计师的创造必然需要创造性的接受。

福蒂（Forty）认为，设计师并非全能的，因为他们的角色是意识形态的代理，一件成功的设计并不能证明这种可能。[73] 因此我们不必高估设计师个人（或品牌）的力量，以雷蒙德・罗维设计的“好彩”香烟为例，1940 年的重新设计获得了巨大成功，直到今天还保持不变。设计看来似乎简单得很，设计师将绿色底改为了白色“香烟”（Cigarettes）的字体在字形上是一种简

---

68 ［法］夏尔・皮埃尔・波德莱尔，《1846 年的沙龙：波德莱尔美学论文选》，郭宏安译，桂林：广西师范大学出版社，2002 年，第 484 页。

69 ［法］吉尔・利波维茨基：《永恒的奢侈：从圣物岁月到品牌时代》，谢强译，北京：中国人民大学出版社，2007 年，第 91 页。

70 《Prada：与艺术共舞》，《世界品牌实验室》，http://brand.icxo.com/htmlnews/2007/12/20/1229580.htm

71 同上。

72 Adrian Forty, *Objects of Desire*, London: Thames & Hudson Ltd, 1986, p243.

73 同上。

洁的细等线，字号也缩小了，包装的两面一样，都是红色的标靶符号。去除绿色使版式显得简洁，而且去掉了绿色油墨难闻的味道。白色的底使品牌符号更为显著，同时放置在两边使其总能被看见。这一设计改变了人们对香烟的固有看法，罗维自己的设计描述是，“归因于没有瑕疵的白色，‘好彩’的包装看起来，正如它所呈现的，干净。自然表现出产品的气味清新以及生产的完美”[74]。罗维对设计及其成功原因的描述进一步强化了他自己的独创性和天才的设计。我们是不是就接受罗维所陈述的图像呢？是不是就一定要遵循传统的设计史的路线呢？如果仅就技术而言，我们需要承认这样的可能，其他设计师也能到达相似的结果,将“好彩”设计的成功完全归于罗维个人的创造性，自然缺乏说服力。

“好彩”设计所具有的力量反映出美国制造商对某些社会问题的敏感，在不同的种族和民族的不同分类的范围里建立统一的国家市场，使不同族群有成为国家公民的归依感。这是美国作为移民国家非常现实的问题。卫生、清洁和舒适性成为美国概念中重要的构成元素，因此，是对物质繁荣和商品的丰富的信任，大众需要的不仅仅是物品的可用性，更重要的是美国身份的可辨认性。产业是基于由不同的小群体所组成的市场，希望既能获得大量销售也能促进基于特殊的美国基础的繁荣观念。因此，问题的关键是揭示出能够通过产品来辨认美国身份的特征。在这样的大环境下，设计提供了某种答案，“好彩”香烟的包装就是一个例证。利用存在于整洁和美国精神之间统一性赋予“好彩”香烟一种美国化的形象，确保它的存在符合整个国家的市场。任何族群的一员都能将“好彩”视为美国人的香烟，通过包装所呈现出的清洁优点，也可能通过购买这样一个包装，不断地使其感觉成为美国文化的一部分。事实上，没有哪一个设计作品——除非注入了观念——能够被大众所普遍接受。“好彩”包装具有如此清晰可辨的美国性，才使其在很短的时间，作为一种美国生活方式的象征，在全世界范围内获得方法的认知。设计中的清洁和美国象征观念应归入所有美国人的意识中，无论怎样都不能说成是设计师的创造。设计师的成功在于将洁白、清洁和美国化的观念协调统一在一个形象中。这

74 Adrian Forty, *Objects of Desire*, London: Thames & Hudson Ltd, 1986, p243.

一形象是设计师创造的，罗维和他的团队当然值得尊敬，因为他们所创造出来的形象如此有效地传递出了形神的结合。

我们必须要强调，社会的认同造就了设计师的神话。如果说像罗维、普拉达这样的设计师成为神话设计师仅仅是因为其商业上的成功所致，显然有失公允，独到的营销策略当然是其企业文化的有机构成部分，其在艺术上的诉求显然已经超越了单纯的盈利目的。这批能够获得广泛社会认同的设计师是如何实现自我超越的呢？

设计师的自我超越——设计师的全面“在场”

由于设计对自然的改造导致了人类环境的改造，由于“人的创造物”出自社会整体又返归社会整体，尽管它可能产生彻底的社会变革，但其阻碍社会发展的担忧在一批有识之士心中是从来不曾搁置。当技术成为物质生产的普遍形式时，它就制约着整个文化；它设计出一种历史总体——一个世界。在两次世界大战期间，设计中心从欧洲转移到美国，特殊的政治、经济环境促使了设计的快速发展，而商业主义在满足人们的生活及欲望时，大众文化对物品的“有计划地废弃”和“折中化”遭到了人们的批评。标准化和愈演愈烈的竞争是构成现代生活的两大要素，这揭示出文化发展史上的一个新的篇章，同时，也衍生出自相矛盾的关系，例如：“标准化”和“竞争”，“简化”和“复杂化”。公众利益和大众品位成为争论的焦点，在认识到潜藏的操纵性和反人性之后，我们同样应客观地认识到商业主义、大众市场、“优良设计”的国际标准及其倡导的文化价值观和社会责任感，都给予了创造以充分的自由。

战后一直到60年代，设计领域关注的重点从企业转向了对公众和环境所承担的责任。拉尔夫·纳德于1966年被法律界、消费者协会、环保主义者以及2000名绿色和平组织者推举为“1966年美国国家交通与汽车安全运动”（The United States’s 1966 National Traffic and Motor Vehicle Safety Act）[75] 的领袖，这场运动旨在向政府部门施加压力以提高美国市场上所出售汽车的安

75 http://en.wikipedia.org/wiki/National_Traffic_and_Motor_Vehicle_Safety_Act

全标准指数。这场运动的缘起在很大程度上依赖于拉尔夫·纳德于上一年所出版的最畅销书——《任何速度都意味着不安全——危险中行进的美国汽车设计业》(*Unsafe at Any Speed—The Designed-In Danger of the American Automobile*),在这本书中,拉尔夫揭示了美国汽车设计业中普遍存在的诸多弊端,特别谴责了通用汽车公司生产的一款名为"Chevrolet Corvair"的轿车所潜藏的种种不安全因素。设计批评的声音开始更多地涉及人,设计本身的革命性遭到了质疑,他们力图在公司利益、个性表达,以及应对社会与环境承担的责任感之间实现平衡的设计作品并非那么完美,这种理想面临来自社会各个阶层从不同立场发出的质疑声。

现代人对自己生存环境的担忧终成现实,蕾切尔·卡逊在《寂静的春天》[76]里"揭露了杀虫剂工业和商业贪婪对乡村地区——植物、动物和人类所造成的有害影响"。[77] 卡逊在著作中所表现出的激动和愤慨影响了一大批人,其中就包括简·雅各布斯(Jane Jacobs),她在《美国大城市的死与生》一书中对人的居住环境投入了细微入致的观察,对"那些统治现代城市规划和重建改造正统理论的原则和目的"[78] 进行了抨击。MIT、哈佛等著名院校的建筑系、规划系将该书列为学生必读书目,从思维的多样性上给专业人士提出了警示。从卡逊到简·雅各布斯,一批有识人士加入对社会发展的论争当中,而从设计的角度来看,设计作为其中的一种改造力量从来就没有停止过思考。维克多·帕帕奈克(Victor Papanek)的《为真实世界而设计》(*Design for the Real World: Human Ecology and Social Change*)[79] 对设计开始了质询,对设计的批评首先直指广告业,对于一种虚饰的、引诱的惶惑力毫不客气,甚至认为这个职业带有欺骗性,"他游说人们购买那些根本就不需要、超越了他们购买能力的商品,只是为了给那些不在乎他们的人留下深刻的印象,因而,广告业可能是现今最虚伪的行业了"。[80] 马上,帕帕奈克将矛头对准了工业设计,是"与广告

76 [美]蕾切尔·卡逊:《寂静的春天》,吕瑞兰、李长生译,长春:吉林人民出版社,1997年。

77 [英]彼得·沃森:《20世纪思想史》,朱进东等译,上海译文出版社,2005年,第675页。

78 [加]简·雅各布斯:《美国大城市的死与生》,金衡山译,南京:译林出版社,2006年,第2页。

79 Victor Papanek, *Design for the Real World: Human Ecology and Social Change*, Van Nostrand Reinhold Company, 1984, p14—16.

80 同上。

人天花乱坠的叫卖同流合污”。[81] 对此看法，我们如果知道他的所指，自然就会认同，他所批评的是“从来就没有坐在那儿认真设计的电动毛刷、镶着人造钻石的鞋尖、洗浴专用的貂裘地毯之类的物品”，[82] 然后通过广告的虚张声势把这些东西推销给消费者。这让我们想到了阿道夫·卢斯，在 1910 年发表的《装饰与罪恶》中对多余装饰的抨击。在 20 世纪 70 年代，当帕帕奈克看到与卢斯的批判相类似的设计行为时，他当然有理由面对这种历史的倒退高声棒喝。汽车业当然逃不掉帕帕奈克的笔伐，“设计师通过设计那些带有谋杀性质的不安全汽车，每一年都夺取了世界上将近一百万人的生命”，这似乎与拉尔夫·纳德形成了一种内外呼应之势，汽车设计师成立被抨击的目标。我们当然清楚汽车对环境所带来的危害，但是彭尼·斯帕克认为，“为汽车和社会之间难缠的关系问题而责备设计师是不妥的”。[83]

如果帕帕奈克仅仅认为，“设计师已经变成了一种极具危险的族群”，就应该取缔、消灭这个族群，那他也就不会有“为真实世界而设计”[84] 这样的深切领悟了。“在这个大批量生产的年代，当所有的东西必须被设计的时候，设计就逐渐成为最有力的手段，人们用设计塑造了他们的工具和周围的环境（甚至社会和他们自身）。这需要设计师具有高度的社会和道德责任感。”[85] 设计道德和设计伦理的提出成为设计师必须通过的、最基本的一道心理测试题，设计所产生的影响力（好的或坏的），可以说在社会的各个角落都能感受到设计的痕迹，而不绝于耳的批评声显然是设计所招致的危机已经到不能不说的时候，这难道是设计师在自己狭小空间中无法注意的，或许他们根本就没有意识？那么帕帕奈克的及时出现就凸显了其重要性，“设计必须成为一种创新的、具有高度创造性的交叉学科，对人类真正的需要负责”[86]，如果今天的设

81 Victor Papanek, *Design for the Real World: Human Ecology and Social Change*, Van Nostrand Reinhold Company, 1984, p14—16.

82 同上。

83 ［英］彭妮·斯帕克：《设计百年——20 世纪汽车设计的先驱》，郭志锋译，北京：中国建筑工业出版社，2005 年，第 13 页。

84 Victor Papanek, *Design for the Real World: Human Ecology and Social Change*, Van Nostrand Reinhold Company, 1984, p14—16.

85 ［美］威廉·麦多诺、迈克·布朗：《从摇篮到摇篮——绿色经济的设计提案》，中国 21 世纪议程管理中心译，台北：野人文化股份有限公司，2008 年，第 129 页。

86 同上。

计师在进行设计的事后自觉地将设计伦理作为评测自己设计的一个标准，那么一种主动的结果、“为了达到有意义的秩序而进行的有意识的努力”[87]才能称为“设计”。

与帕帕奈克同时期的美国建筑师、设计师和社会批判家理查德·巴克敏斯特·富勒（Richard Buchminster Fuller）[88]同样具有前瞻性，是最早提出设计要高效节能，并对环境负责的学者之一。其职业生涯开始于 Dymaxion 住宅群和 Dymaxion 三轮式流线汽车设计原型，Dymaxion 是动力的（Dynamic）、最大化的（Maxmum）和张力（Tension）三个词的组合，这也阐明了富勒的设计思考径向。他想通过低廉的价格、大批量生产和便于运输等手段来实现通过设计解决全球的居住问题，但在商业上却没有反响。而他的理想思辨的设计方式最终在他于 1954 年取得专利的几何穹隆结构大获成功，这种利用最少的建筑材料所包围形成的巨大空间成为 20 世纪 60—70 年代建筑中的流行样式。这两位预言式的人物都认为，“在一个理想世界里，政府以及大型组织会站在广泛的公众利益的角度，仁慈地将居民建筑以及产品设计，导向更为安全的方向，并有效地利用资源”。摆在我们面前的环境问题已经非常严峻，今天设计师必须行动了，设计应该更加以研究为导向，而且我们必须停止再用设计得差的物品去污染地球。

不难看到，这些设计师的思考层面显然已经超越了认同系统的组织和商业层面，而在第三个层面的思考似乎对多数设计师而言仅局限在一个相当狭小的范围，这就从根本上把设计师的层级区分开来。而像雷蒙德·罗维、勒·柯布西耶、阿尔瓦·阿尔托[89]、菲利浦·斯塔克和马丁·马吉拉等设计师之所以能够成为设计的精神领袖，甚至代表一个国家的形象，这当然和他们大量的作品密不可分，“不仅要用正确的结构去组合产品的各个部件，还要用准确的造型语

---

87 ［美］威廉·麦多诺、迈克·布朗：《从摇篮到摇篮——绿色经济的设计提案》，中国 21 世纪议程管理中心译，台北：野人文化股份有限公司，2008 年，第 129 页。

88 巴克敏斯特·富勒（1895—1983）是美国著名的建筑家、工程师和设计师，著名的圆顶建筑结构就是他发明的。他不是一般字眼所能形容的建筑师，而是 20 世纪关于机械美学概念的独特人物，充满乌托邦色彩的幻想家。

89 阿尔瓦·阿尔托具有强烈的理性主义的乌托邦色彩，他所拥有的不可动摇的信念是植根于启迪 18 世纪的进步思想当中。见 Goran Schildt, *Alvar Aalto In His Own Words*, New York: Rizzoli International Publication, INC, p58.

言去表达使用者的梦想和渴望，为他们创造适当的符号和象征”[90]。大众通过这些物品切实地感受到了他们所传递出的信息，但是更重要的不仅仅是建筑的居住、衣服的御寒这些功能性的，而是通过这样一种物品的使用行为，对消费者行为思考的潜移默化的引导。但显然的是，“人们通过周围的物品来体现个人或整个群体的社会特征和地位”的这样一种设计活动，“融合了复杂的文化因素和社会因素”[91]，因此在更为广泛的社会层面，如若想要获得大众的认同，须要求设计师在“道德意识”和“信念”的这个向度有强大的支撑力量。[92]我们应该庆幸能够听到这些人的声音，虽然现在觉醒也并不让人乐观。但是如果没有一批有觉悟的、高瞻远瞩的人，今天的后果恐怕更严重。这样的思考一直在继续，2002 年，一本由威廉·麦多诺（William McDonough）、迈克·布朗（Michael Braungart）合著的《从摇篮到摇篮——绿色经济的设计提案》（*Cradle to Cradle: Remaking the Way We Make Things*）[93]一经推出就震撼了全球环保与商业界。在今天，我们不禁要问，一本关于设计和环保的书竟有如此的影响，到底有何高论呢？不同于以往批评家们对设计都持有一种批评和怀疑的态度，麦多诺和布朗首先对设计持一种肯定的态度，进一步对整个现代工业和人类的造物活动都持一种积极的态度。这反映在人们对待工业革命的态度上，这也成为了研究问题的焦点，即对工业革命以来整个产业生产的核心错误的分析，并试图找到解决之道。如果说工业革命造成了环境污染，是否停止一切生产就是解决的方法呢？而这不啻是一种历史的倒退，人类社会的进步由低级向高级发展是必然的，工业革命发展至今所带来的东西，不只是负面的影响，也有积极的、为人类谋取福祉的一面。显然，这是以往从产业界到环保人士所持有的一种负面思考的方式，能否换一种思维方式呢？

帕帕奈克在 20 世纪 70 年代就已经看到了设计所暴露的问题，而其所提出的解决办法更多地诉诸一种道德伦理思考，《从摇篮到摇篮——绿色经济的设计

90 [英]彭妮·斯帕克：《设计百年——20 世纪现代设计的先驱》，李信等译，北京：中国建筑工业出版社，2005 年，第 6 页。

91 同上。

92 有关“道德意识”和“信念”的探讨，可以参见[加]查尔斯·泰勒：《自我的根源——现代认同的形成》，韩震等译，南京：译林出版社，2001 年，第 4 页。

93 同上。

提案》显然是帕帕奈克的后继者，但麦多诺和布朗似乎走得更远。

当一名设计师与帕帕奈克同样具有悲天悯人的伦理关怀时，他该怎么继续设计呢？

工业革命初期，自然资源好似取之不尽，"环境的脆弱性，还不是关心的议题。工业设计目标中即未考虑维持自然系统的正常运转，也未觉察到自然界中复杂微妙的相互关系"[94]。《从摇篮到摇篮——绿色经济的设计提案》告诉我们，"如果人类要实现真正的繁荣，我们必须模仿自然界高度效益、含有养分流和新陈代谢的从摇篮到摇篮系统，这个系统不存在废弃物的概念。根除废弃物的概念意味着，产品、包装和系统从设计开始，就必须体认到没有废弃物这回事。由包含在物质中有价值的养分流决定和形塑设计：形式不仅是服从功能，还要不断进化"[95]。"工业革命的思维是线性的，只关心如何把产品做出来，并且快速、廉价地送到消费者手里。"[96] 通常的设计在整个设计流程中，并没有考虑环境的影响以及产品的生命周期，事后的修补反而造成更大的污染，是对一个错误系统的错误解法。

从帕帕奈克的呼吁开始，有关环保的问题就成为有良知的产业部门高度重视的部分，比如降级回收（Down Cycling）[97]，制造汽车的高品质钢材具有高碳、高抗拉强度的特点，但是在汽车回收时，这些钢材和其他零部件一起被融化，包括汽车电缆中的铜、表面的油漆和塑料，因而降低了钢材的品质，再无法用来制造新车。这样的产品在回收之后无法进入自然界，也无法分解，仍然是污染。今天的绝大多数产品再怎么回收都没有用，因为根本就无法回收，掩埋和焚烧后制造的同样是垃圾，无法消除的污染。显然，具体的解决之道还需要深究。

《从摇篮到摇篮——绿色经济的设计提案》则提出，如果从设计之初，就考虑不同原料最后将进入不同的循环，材料不但可以保持原有的性质，甚至

94 ［美］威廉·麦多诺、迈克·布朗：《从摇篮到摇篮——绿色经济的设计提案》，中国 21 世纪议程管理中心译，台北：野人文化股份有限公司，2008 年，第 129 页。
95 同上。
96 同上。
97 同上。

可以做到回收升级（Up Cycling）。[98] 以塑胶瓶为例，原本含有锑、重金属，如果在回收的过程中能去掉锑，就能变成更好的物质。那么是否是一个更有效的解法呢？“有废弃物产生，就代表设计的失败”[99]，作者将设计的标准重新改写了。

传统的设计与商业模式，强迫顾客承担污染的后果，造成“利润的私有化，污染的社会化”[100]，但这是传统工业革命模式的根本难题，并非企业的道德缺失。许多企业都在积极地面对这一难题。

美国最著名的办公家具设计公司Herman Miller在这方面是绝对的先行者。在福特公司之前就邀请 MBDC 为他们设计了充满阳光空气的厂房。而“Mirra椅”可以说是第一款符合“从摇篮到摇篮”原则的产品。这把椅子的钢与铝部分可以拆开分别加以回收，产品的 98% 可以再利用，做出新的椅子。椅背由 Polymer 制成，可回收使用至少二十五次。在设计之初，他们就决定把有害环境的 PVC 去掉，并且全部零件可以在十五分钟内拆解完。

“摇篮思考”更启发了许多新材料的研发。2005 年，德国的成衣企业 Trigema 与 EPEA 合作，开发了世界上第一件可完全分解的 T 恤。不光是纤维甚至是标签，都完全符合“从摇篮到摇篮”的标准。[101] 美国邮政局也导入了“从摇篮到摇篮”的理念，重新设计邮包，六十种不同规格的包装，有一千四百多种成分需要检查，是一项巨大的工程，但令人欣喜的是这些邮包已经上市了。将会有越来越多的符合“从摇篮到摇篮”标准的产品进入我们的生活。但显然，能有这样意识的企业不是太多，而是太少。

从作为一个行星系统的地球来看，“我们生存的世界由两种基本元素组成：物质（地球）和能量（太阳）。除了热量和偶尔出现的陨石外，没有任何物质能够进入和离开这个系统”[102]。我们生活的地球，以我们所能到达的认知来看，是一个封闭的系统，它的基本元素是有限的、稀缺的，对人类的生存来讲尤为珍

98 ［美］威廉·麦多诺、迈克·布朗：《从摇篮到摇篮——绿色经济的设计提案》，中国 21 世纪议程管理中心译，台北：野人文化股份有限公司，2008 年，第 129 页。

99 同上。

100 同上。

101 同上。

102 同上。

贵。“任何天然的都是我们拥有的，任何人工制造的也不会消失。”[103] 我们生存的社会是掌握在我们的手中，设计师所承担的责任不仅要面对今天的我们，更要对子孙后代有所交待。

我们在此只是讨论了作为设计师应该具有的道德思考的一个径向——绿色设计，就设计伦理所包含的内容来看，这只是其中一隅［如已经发展成为一种趋势的耐用型设计（Sustainable Design），集中在生态危机的征兆上而不是实际的原因，主张应采取恢复本质的健康而非压制浮现出的征兆[104]］。基于这些思考的设计师，显然其设计作品是由更深层的土壤中生长出来，其生命力必然会更为持久。而这样的设计才最能通达大众的内心，认同的“道德根源给人以力量”，更为接近彼此精神深处，进一步“得到关于它们的更清楚的观念，把握它们与什么有关，对于那些认识它们的人来说，就是变得热爱或尊重它们，而且通过这种热爱和尊重能够更好地实践它们。”[105] 设计所追求的正是成为这种精神性的符号化能指，这就为设计“规定了注意和欲望的方向”[106]，从而使广泛的社会认同成为可能。

103 ［美］威廉·麦多诺、迈克·布朗：《从摇篮到摇篮——绿色经济的设计提案》，中国 21 世纪议程管理中心译，台北：野人文化股份有限公司，2008 年，第 129 页。

104 Jonathan Chapman, *Emotionally Durable Design*, UK&USA: Earthscan, 2006, p10.

105 ［加］查尔斯·泰勒：《自我的根源——现代认同的形成》，韩震等译，南京：译林出版社，2001 年，第 145 页。

106 同上书，第 144 页。

超越认同：设计师的价值和责任

从这一章的论述中我们可以看到如皮特·戈伯所宣称的，设计的影响远远超过了一系列商业利润和盈亏账目的底线，其文化与个人都被教育以塑造其未来的经济和社会福祉，这对国家有直接的影响，文化和个人的培养将为未来的经济和社会塑造得更加完美。[107]

以罗维为代表的第一代设计师，在设计实践中从对设计伦理的一种直觉逐渐转变为一种主动的讨论。从“精益求精”到“重量是敌人”等富有战斗性的、口号式的设计宣言中，使我们得以窥见这一批设计师内心的道德理想。美国设计师群体对大众文化持一种开放的态度，他们将设计看成是一种推进社会发展的积极力量，比如，就设计与经济的关联性这一问题，在巴克敏斯特·富勒看来就是积极的，他在为德雷夫斯《为大众设计》一书所撰写的前言中谈道，“优秀的设计可以将人类技术的整体效率从目前的 5% 提高到 10%，这 10% 就能够让受益人群享受到人类社会前所未有的优质生活”[108]。可以看到，美国设计师自其诞生之日起，同欧洲设计师一样都怀有理想主义的情愫，无论注重“大众文化”的美国设计师，还是提倡“优良设计”的欧洲设计师，都在自己所处的社会环境中，寻找一种规范的秩序。

在消费已经被工业社会所接受的一种语境中，2003 年 10 月，在纽约莫斯设计商店将迪特·拉姆斯（Dieter Rams）的经典之作——606 连体搁架系统推向北美市场之际，他写下了一篇关于可持续性设计的文章《少——使生活变得更好的艺术》。文章中谈到，从可持续发展的角度来说，对物质进行重新发现变得十分必要——它会提示我们：任何物质都是宝贵的，设计作为基于物质的一种创造性行为应该对其投入关注，物质有自己的生活、年龄和身份，因此要珍惜它们。为了实现这一目标，我们必须还原物质在各个阶段的意义、可识别性和存在价值：什么时候是崭新的，什么时候属于陈旧的，什么时候是

107 Perer Gorb with Eric Schneider, *Design Talk! London Business School Design Management Seminars*, London: Design Council, 1988, p5.

108 Henry Dreyfuss, *Designing for the People*, The Viking Press, Inc, 1967, forword.

通过回收再生的。对设计的未来始终进行着严肃的思考。回顾历史，我们发现，“优良设计”在1960年代重新得到发展，“并将其与先锋派的生产理念结合起来”[109]，而拉姆斯正是这一时期的代表人物。作为密斯·凡·德·罗最广为人知的“少即是多”（Less Is More）设计哲学的逻辑延伸，拉姆斯提出的“少则更好”的预言，对照穆特修斯提出了“愉快的贫乏”，以及佛埃塞则有“简单的生活”的箴言，我们能够发现其中思想的连续性。大批设计师都对设计与人类生活的未来投注了积极的思考。

当我们考察处于不同的社会阶段的设计师时，正如我们所探讨的逻辑链条，从组织、商业和社会这样一个递进的框架结构来看，设计师不仅在自我认同的进程中积极主动地完善自我身体技术的改造，同时也看到他们超越自我的愿望。

显然的是，每一个阶段都将会面临庞杂的问题，我们的论述始终是围绕着设计师这一类特殊人群来展开。每个阶段的探讨都希望能够抓住问题的焦点，在第一阶段，当设计师处于设计组织当中的时候，设计师的专业技能成为决定其在内部组织中“隐匿”或是“在场”的关键，根据情景采取的独特反应和创造，正是个人价值逐级增量的过程。在组织的文化模型中，设计师是否具有一种主观能动性尤为重要。认同作为一种机制并不是从稀薄的空气中产生的，是由设计师和组织双方共同作为一种解释性建构提出来的，我们在包含了创造性的专业知识系统中找到了他们的基础。在商业环境中，设计师当然要以促进销售为己任，但是在“物质文化”的构建过程中，对大众消费行为的引导应是设计师最重要的价值体现。面对消费者被动的消费行为、下意识的选择举动，设计师应该提供一种主动的“给予性”。“在今日喧嚣的世界，对材料和资源的世界末日的断想，有责任的产业正在重新写定他们的社会契约。唯有那些长期有益的社会能够长期地有益于产业。”[110]因此局限于狭窄的逐利行为，显然不应该是设计师所为，哪怕个人所发出的警示声响还不够大，但一个好的设计师有义务“试着寻找他的位置，作为发展中团队的合法的意愿，帮助改善我

109 ［德］弗朗索瓦·布克哈特：《什么是“好的设计”与如何表现今天》，载于《建筑艺术与室内设计》，2000年第2期。

110 Past Tense, *Future Sense*, Amsterdam, BIS Publishers, 2005.

们的世界而不会限制我们后代自身的潜力。”[111] 商业认同机制的内驱力是始发的（Primary）还是附属的（Secondary），意味着设计师与消费者和企业家彼此间在合适的时机采取相互渗透的行动，是主动寻找内在化的一个有意义的模型。

大众所蕴藏的“普遍的、隐蔽的强制力量”[112] 对设计师借由设计物所传递出的道德意识形成直接的碰撞，强烈的认同或是反感，又或是没有知觉，都是可能的结果，而当设计师面对一种未知的评价标准时，首先应该具备的是一种自我的批评意识，对自我技术的修炼是从内到外的，当个人在组织和商业领域都获得认可时，能否跃升到更高的社会层面显然取决于自身的视界（Sight），成功的认同意味着超越了对于基本需要的成功满足，也就是说一个成功的连续的认同是与精神文化不可避免地联系在一起了。韦伯曾经谈到对“人格”与“个人体验”的崇拜问题，“这种崇拜充斥大街小巷与各种报刊，在年轻人的圈子里，尤为风行”[113]，这是一种客观的社会现象。而两种类似偶像崇拜的元素彼此是紧密相连的，而普遍认为，“个人体验”构成“人格”，并为人格本质的一部分。由某一特殊的“人格”与“个人体验”构成的偶像崇拜具有相当大的令人“感动”的力量。显然，存在于人的普遍精神成为设计师个体通达人的更深层次的意义——人性的意义——的梯子。

111 Past Tense, *Future Sense*, Amsterdam, BIS Publishers, 2005.

112 陈新汉：《权威评价论》，上海人民出版社，2006 年，第 326 页。

113 1918 年与 1919 年之交的冬季，韦伯在慕尼黑大学所做的演讲，谈到当时流行的一种心态，见［德］马克斯·韦伯，《学术与政治》，钱永祥等译，桂林：广西师范大学出版社，2004 年，第 165 页。

第六章

设计师的自我实现

今天，传统知识仰仗叙述的做法日益让位给了科学的实证，人们在对一个事物进行认可之前，必须要对验证这个事物的规则进行先行的考察证明，这种对“知识的合理化”的求索渴望让我们看到“在‘财富’‘效益’和‘真实’三者之间逐渐形成了一种可以等值互换的关系”[1]，这使投入和产出的最大效益比几乎成为人们评定成功与否的唯一标准。当下人们对于现实的解释，正是这一社会价值观念更变的具体表现，也是本书对设计展开讨论的认同基础。

回顾过去，尽管实用主义的概念始终贯穿在设计师的发展进程当中，但是与早期从工业产品本身推导出来的以“技术的先进性”为核心的实用观念相比，今天的实用主义则来自一个更加宏大的背景——其间涉及人类的政治、经济、文化和生活等关系的更迭，生产方式内部结构的调整以及价值取向的转变等诸多方面的内容，设计活动由此也演变成为一项复杂的多元化过程——它由一系列的行动组成，并以一种螺旋式的循环方式反复逼近项目，每循环往复一次，目的地也就更加清晰一些。随着一种“审慎的互动”模式在设计师与消费者之间的建立，对设计活动“规则”的重视超过了以往的任何一个时期，这也决定了当代设计师必须以“组织”作为依靠才能够保证实践活动的有效性。在这个空间里面，设计师良好的前台表现与专业技能的结合是取得成功的关键：如果缺乏专业技能，那么再超凡的个人表演也只是一出“空城计”罢了，企业很可能会在严峻的市场竞争当中由于没有过硬的产品而败下阵来；而高超的专业技能也许会带来产品本身的完美无缺；但如果缺乏号召力，不但令整个创作过程变得索然无味，同时还会因为设计师缺乏与消费者互动的激情而使产品在市场上形成某种信息沟通上的障碍。由此可见，设计师对于各项知识的掌握已经成为“个人的运作可行性”的标志，意味着设计师影响人类生活的能力大小。

然而，在设计项目的运行当中，如果假设设计师是“正确的”，即他们是有答案的人，而其余参与者是错误或者无知的，与他们没有什么值得共享的东西——这种观点在知识的求证过程里显然已经成为一个逐渐衰落的二元论的实例。事实证明，在对世界的“重新描述”上，仅凭个人的一己之见已经无法涵

1 盛宁：《人文困惑与反思——西方后现代主义思潮批判》，北京：生活·读书·新知三联书店，1997 年，第 239 页。

盖工业产品中符合人们所需要的各个方面和层次的需求——因为今天的市场已经成为企业与大众各自抒发主张、共同讨论走向的场所。于是，我们可以得出结论，设计师的自我实现显然是以某种结构作为前提条件的，例如我们所抽离出来的创造性的系统结构，以及关于设计认同的构建模型等，都是设计师职业化发展在现代商业系统中所必须面临的关键性步骤。无论是现代设计最初的肇始，抑或是当今设计语义的扩展，设计师的“创造”以及他者的“认同”始终是一组嵌入设计与设计行为的关键问题。外部社会行动者（External Social Actor）的一种集体性、公共性的认同，才使设计师的价值（创造力价值）得以在更大范围的空间展开和实现。

由此，本书首先引出了在设计师和设计组织之间所存在着的一种时空上的渊源，而其核心的内容就是“创造力”。

本书认为，其一，人的创造力与组织并非天生一对的矛盾体。当我们追寻现代设计发展的轨迹时，会感受到组织在参与生产力发展的过程当中已经被蒙上了不同历史时期的记忆符号（这是因为文化记忆是靠积累流传下来的，各种信息符号之间会有碰撞和交融，而各种语法结构和语义在时间的长河中也终将会被改变），由此组织的演变终将也会成为一种人类记忆接力的过程。设计师通过将自身的需要、愿望、生活标准、行为原则等个人意志与一系列语言所书写的组织记忆联系在一起，让一个统一的、内在的“个人整体”在与外部整体的相互适应或者相互拒绝中凸显出来，设计师作为创造者的特色和价值由此也凭借着“组织”这一平台得以呈现。反之，如果说创造力是设计师最内在的欲望表达的话，那么对一个组织的“创造性”要求自然又回归到了“人”的身上，组织文化模型的立场在很大程度上也取决于组织构建者本身的素质。因此，个人创造力与组织是一组互相包含、互为动因的生产力元素。

其二，创造性作为设计的一种本质的属性，需要设计师具有一种创造性态度，而本书想要提出的是，他者同样需要一种“创造性态度”。在设计师与他者发生关系的过程中，“建导”（Facilitation）概念的提出恐怕对今天的设计师在产品开发领域以及设计物品得以交换的场域有着启发性的指导意义。“‘建导’是一种先进的参与型领导技术，意思是对群体进行建设性的引导与服务，对群体中的互动过程提供结构性的帮助，按照专业化的程序和技术来引领群体的活动，使之达成最佳效果。‘建导’与‘领导’的区别在于领导是以个人的智慧作为决策的基础，而建导是以群体作为中心，以组织成员的意志为根据，以集体的智慧为依靠。这里群体与团队概念不同，前者包含的人员范围更广，后者的时间性与目的性更为有限。”[2]显而易见，这是一种更为开放的组织形态，也是现代企业组织结构在“纵”（即组织层次）、“横”（即同一组织层次里的部门和职位）两个方向都日趋复杂化所导致的结果。这一趋势决定了当代设计师必须以“行动之前的行动”，即开拓性思维和理性的程序编排作为创造活动的切入点，二者缺一不可。

其三，本书提出，作为个体的设计师，在以创造力实现自我价值的过程中，一定会经历与组织“博弈”的阶段，那是因为个人意识里的各种单一的、具体的进程与组织所参与的真正的社会化进程之间，必然存在着互相排斥的因素。而如果组织的成长和人的成长在整体的内容和形式上相一致，那么彼此之间就会相互尊重，形成相互支持的关系，最终二者都将获得一种真正的自由。同时，也是在这样一种氛围中，技术的实现以及创造力的生发才真正成为可能。因此，只有“话语摆脱了语境的约束和功能的制约而彻底获得了独立”时，这样的一种用实践解释知识发生的谱系学才能真正使设计师的从“隐匿”到“在场”不必依赖“结构主义模式”或“存在的历史模式”而存在。尽管从过程上来看，“话语权”会在组织与设计师之间来回游弋，但随着阶段性的递进，两者终将会因各自的发展壮大而获得一种相互间的超越。因此，从这种具有推动生产力发展的效用来看，“‘权力’作为一种描述性概念，它是纯洁的，主要用于对权力技术的经验分析；从方法论角度看，这种经验分析与功能主要和历史主义的知识社会学之间并不存在显著的区别。”从组织记忆到一种设计文化模型的建构显现出“‘权力’范畴从其隐蔽的发生历史中获得一种制度理论基本概念的意义”[3]。

最后，在对设计师从“隐匿”到“在场”的发展路径做梳理的过程中，个体力量的显现势必会促使我们对设计师“怎样溢出权力——知识的界限之外”[4]

2　［加］布莱恩·斯坦菲尔德：《共识建导法：从个人创造力到集体行动》，杜文君译，上海：复旦大学出版社，2005 年，总序。

3　［德］尤尔根·哈贝马斯：《现代性的哲学话语》，南京：译林出版社，2004 年，第 318—319 页。

4　汪民安：《福柯的界线》，北京：中国社会科学出版社，2002 年，第 322 页。

感到好奇。基于这样的追问，本书始终将对个体的自我本体论批判放置于不同的场域，也就是着眼点不是将个体作为一个稳固的本质主义主体形态，而是将其视作一个动态的研究对象，是对其作为一种新主体的成型过程进行追踪。创造与认同这一对矛盾性的二元关系，是设计师与人群组织关系（包括与消费者以及与企业内部成员的关系）“非衡常不变”的一种表现，是在寻求“共识”过程里采用的手段与方法。

围绕着一件商品的从无到有，人们会产生各种各样的观点和行为，而人们以“共识”取代“差异”的过程就是驱动设计向前运动的内在力量——只有在这样的一个过程中，设计师角色才得以在全方位的场域中获得认同，最终使自我身份的认同与他者的认同达致统一。同时，本书认为，“共识”又是相对的、有条件的和暂时的，它总是下一个“差异”的起始点——这种信息交流的循而往复以及其中蕴含的不确定因素，使当代设计师的职业角色面临着更为综合和复杂的局面，从而对其自我价值的实现提出了更大的挑战。这将最终决定当代设计师势必是在由“艺术创造”与“组织管理”交织而成的空间里面开展职业生涯的，并在和创造力及组织的周旋之中前行。

本人在大量的设计实践活动当中，也深切地体会到了现实条件下设计师自律性、自我责任为主的时代的到来，这是一种建立在对现代设计活动深刻认识上的自我定位和角色选择。人们对于持续性发展就是“处于成长状态下的不断改善的过程”的这一认知，导致了产品必须与时间概念紧密相连的新动向——在产品的成长、升级与改善中，设计“过程”的意义也由此得到了肯定与强调。而消费者与企业共同决定市场未来走向的趋势，要求设计师必须超越个人单一行动力、理解范围与策划意图，投入一个以“即时性”与“纪实性”为特征的动态的宏大环境之中。“以设计带动管理”作为一种新的生产力模式，无疑将对设计师、管理者及组织各方的知识建构提供新的参考坐标和新的发展平台。此番随着书中层层剥离式的解剖分析，人与组织各自的内在结构性动因得以清晰呈现，进一步廓清了这种生产力关系对于建立时代创新机制的意义，从而找到一条通往设计活动本质规律的道路。

通过本案研究，我希望进一步对现代商业系统中设计师职业化发展提供一个可供参考的坐标：一端是集中在创造力这一设计师自身知识系统；而另一端则是有关他者认同的问题——正是这二者交织而成的场域才能够完整地呈现设计师职业的真正意义。在此坐标系统中，设计师通过设计过程中多角度、多层次的自我实现（Self-actualized），从而揭示出一个“创造力系统”不断丰满的职业化过程。21 世纪将是一个发挥个人潜在能力的时代，个人的想象力、“此处”与“现在”之类的微小事物，都有可能受到高度的重视。尽管只是渺小的“个人”，仅仅处在所谓的“此处”或“现在”的时间和空间的片段里，但也同样可以包含一个更大的整体。而将各个组成单元的生命全部加以吸纳，并由此形成一个可以不断成长与进步的创新机制的“整合性创造力”时代的到来，就可能为一种政治性管理制度的出现进行铺垫。而假如进行整合性创造的素材是人的话，则有可能是一种新型组织结构的到来，在这样一个创新机制之下所构筑出来的世界，必定是一个极具强韧精神和充满活力的崭新世界。

参考文献

英文文献

1. Alan Topalian, *The Management of Design Projects*, London: Associated Business Press, 1980.

2. Adrian Forty, *Objects of Desire Design And Society Since 1750*, New York: Thames & Hudson, 1986.

3. Arjun Appadurai, *The Social Life of Things,* London: Cambridge University Press, 1986.

4. Allen Cunningham, *Modern Movement Heritage*, London and New York: E & FN Spon, 1998.

5. Bryan Lawson, *How Designers Think The Design Process Demystified*, Architectural Press, 1997.

6. Bob Jerrard, Myfanwey Trueman and Roger Newport, *Managing New Product Innovation,* London, Taylor & Francis Ltd, 1999.

7. Bruno S. Frey & Margit Osterloh, *Successful Management by Motivation Balancing Intrinsic and Extrinsic Incentives*, Zurich: Springer, 2002.

8. Christopher Lorenz, *The Design Dimension Product Strategy and The Challenge of Global Marketing*, New York: Basil Blackwell, 1986.

9. C. Thomas Mitchell, *Redefining Designing from Form to Experience*, New York: Van Nostrand Reinhold, 1993.

10. C. Thomas Mitchell, *User-Responsive Design Reducing The Rish of Failure*, New York London: W. W. Norton & Company, 2002.

11. Carma Gorman, *The Industrial Design Reader*, New York: Allworth Press, 2003.

12. David W. Orr, *The Nature of Design*, Oxford University Press, 2002.

13. Deana McDonagh, Paul Hekkert, Jeroen van Erp and Diane Gyi, *Design and Emotion: The Experience of Everyday Things*, London: Taylor & Francis Ltd, 2004.

14. Dennis P. Doordan, *Design History: An Anthology*, The MIT Press, 1995.

15. Dominic Wilson, *Organizational Marketing*, London: International Thomson Business Press, 1999.

16. Donald A. Schon, *The Reflective Practitioner*, Basic Books, Inc, 1983.

17. Edward Lucie-Smith, *A History of Industrial Design*, Phaidon-Oxford, 1983.

18. Echart Frankenberger, Petra Badke-Schaub and Herbert Birkhofer, *Designers: The Key to Successful Product Development*, 1998.

19. Eric Higgs, *Nature by Design People, Natural Process, and Ecological Restoration*, The MIT Press, 2003.

20. Ezio Manzini, *The Material of Invention*, The MIT Press, 1989.

21. Francis Fukuyama, *Trust: The Social Virtues and The Creation of Prosperity*, Free Press, 1996.

22. Griff Boyle, *Design Project Management*, Ashgate Publishing Lit, 2003.

23. Henry Petroski, *Invention by Design*, London: Harvard University Press, 1996.

24. Helen Lewis and John Gertsakis, *Design + Environment*, Greenleaf Publishing, 2001.

25. International Congress Series, *Industrial Design and Human Development*, Excerpta Medica, 1980.

26. Jeff Mauzy Rcichard Harriman, *Creativity, Inc.: Building an Inventive Organization*, Harvard Business School Press, 2003.

27. J. Christopher Jones, *Design Methods: Seeds of Human Future*, John Wiley & Sons Ltd. 1981.

28. John Chris Jones, *Designing Designing*, London: Architecture Design and Technology press, 1991.

29. Jocelyn de Noblet, *Industrial Design Reflection of a Century*, Flammarion / APCI,1993.

30. Jeremy Myerson, *Design Renaissance Selected Paper from The International Design Congress, Glasgow, Scotland 1993*, England: Open Eye, 1994.

31. Jerry Palmer and Mo Dodson, *Design and Aesthetics*, London and New York: Routledge, 1996.

32. Jeffrey L. Meikle, *Twentieth Century Limited, Industrial Design In America*, 1925—1939, Philadelphia: Temple University Press, 2001.

33. John Maeda, *The Laws of Simplicity*, The MIT Press, 2006.

34. Johanna Ahopelto, *Design Management As A Strategic Instrument*, Finland: University of Vaasa, 2002.

35. Julian Bichnell, *Design For Need: The Social Contribution of Design*, Pergamon Press, 1977.

36. Herbert A. Simon, *The Sciences of The Artificial*, The MIT Press, 1996.

37. Mark Oakley, *Managing Product Design*, London: Weidenfeld and Nicoison, 1984.

38. Mark Oakley, *Design Management: A Handbook of Issues and Methods*, London: Blackwell Referenc, 1990.

39. Mark Dodgson & Roy Rothwell, *The Handbook of Industrial Innovation*, Edward Elgar, 1994.

40. Margaret Bruce, Rachel Cooper, *Marketing and Design Management*, London: International Thomson Business Press, 1997.

41. Margret Bruce and Birgit, *Management of Design Alliances*, John Wiley & Sons, 1998.

42. Martin Charter and Ursula Tischner, *Sustainable Solutions Developing Products and Services for The Future*, Greenleaf Publishing, 2001.

43. Mike Press and Rachel Cooper, *The Design Experience: The Role of Design and Designers in the Twenty-First Century*, Mike Press and Rachel Cooper, 2003.

44. Martine Plompen, *Innovation Corporate Learning*, Palgrave, 2005.

45. Nigel Cross, *Developments in Design Methodology*, John Wiley & Sons, 1984.

46. Norman Potter, *What is a Design: Things, Places, Messages*, Hyphen Press, 1989.

47. Nigel Cross, Henri Christiaans and Kees Dorst, *Analysing Design Activity*, John Wiley & Sons, 1996.

48. Nigel Cross, *Engineering Desing Methods Strategies for Product Design*, New York: John Wiley & Sons Litd, 2000.

49. Nigel Whiteley, *Design for Society*, Reaktion Books, 1993.

50. Norman Jackson and Pippa carter, *Rethinking Organizational Behaviour*, England: Pearson Education Limited, 2000.

51. Naushad Forbes and David Wield, *From Followers to Leaders Managing Technology and Innovation In Newly Industrializing Countries*, London and New York: Routledge, 2002.

52. Otl Aicher, *The World as Design*, Berlin: Ernst & Sohn, 1994.

53. Peter G. Rowe, *Design Thinking*, The MIT Press, 1987.

54. Peter Gorb, *Design Management Paper from The London Business School*, London: Architechture Design and Technology Press, 1990.

55. Peter Gorb with Eric Schneider, *Design Talks! London Business School Design Management Seminars*, The Design Council.1988.

56. Peter Dormer, *The Meanings of Modern Design Towards The Twenty-First Century*, London: Thames and Hudson Ltd, 1991.

57. Rachel Cooper and Mike Press, *The Design Agenda*, John Wiley & Sons, 1999.

58. Raymond Loewy, *Never Leave Well Enough Alone*, The Johns Hopkins University Press, 2002.

59. Raymond Loewy, *Industrial Design*, The Overlook Press, 1979.

60. Reyner Banham, *The Aspen Paper: Twenty Years of Design Theory From The International Design Conference in Aspen*, London: Pall Mall Press, 1974.

61. Rober Blaich & Janet Blaich, *Product Design and Corporate Strategy*, McGraw-Hill, Inc, 1993.

62. Russell Keat, Nigel Whiteley and Nicholas Abercrombie, *The Authority of The Consumer*, London and New York: Routledge, 1994.

63. Richard Buchanan and Victor Margolin, *Discovering Design Explorations in Design Studies*, Chicago and London: The University of Chicago Press, 1995.

64. Robert Jerrard & David Hands, *Design Management: Exploring Fieldwork and Applications*, Routledge Taylor & Francis, 2008.

65. Robert Jerrard, David Hands and Jack Ingram, *Design Management Case Studies*, Routledge, 2002.

66. Ralph Caplan, *By Design*, Fairchild Publications, Inc. 2005.

67. Shel Perkins, *Talent Is Not Enough: Business Secrets for Designers*, New Riders, 2006.

68. Stanley Abercrombie, *George Nelson: The Design of Modern Design*, London: The MIT Press, 1995.

69. Steven Heller, *The Design Entrepreneur: Turning Graphic Design Into Goods That Sell*, Rockport Publishers Inc, 2008.

70. Steven Heller, *Design Disasters: Great Designers, Fabulous Failure, and Lessons Learned*, Allworth Press, 2008.

71. Steven Heller, *Citizen Designer: Perspectives on Design Responsibility*, Allworth Press, 2003.

72. Stuart Walker, *Sustainable by Design Explorations in Theory and Practice*, Earthscan, 2006.

73. Tudor Richards & Susan Moger, *Handbook for Creative Team Leaders*, England: Gower Publishing Limited, 1999.

74. Tom Kelley, *The Art of Innovation*, New York: A Division of Random House, Inc, 2001.

75. Time Editor, *Up From The Egg*, *Time*, 1949.10.

76. Tad Crawford, *Professional Practical in Graphic Design*, Allworth Press, 1998.

77. Victor Margolin, *Design Discourse*, Chicago and London: The University of Chicago Press, 1989.

78. Victor Margolin and Richard Buchanan, *The Idea of Design A Design Issues Reader*, London: The MIT Press, 1998.

79. Victor Papanek, *Design for the Real World: Human Ecology and Social Change*, Van Nostrand Reinhold Company, 1984.

中文文献

1. ［法］马克·第亚尼：《非物质社会：后工业世界的设计、文化与技术》，滕守尧译，成都：四川人民出版社，1998 年。
2. ［法］埃哈尔·费埃德伯格：《权力与规则：组织行动的动力》，张月等译，上海人民出版社，2005 年。
3. ［印］阿玛蒂亚·森：《以自由看待发展》，任赜等译，北京：中国人民大学出版社，2002 年。
4. ［英］阿兰·德波顿：《身份的焦虑》，陈广兴等译，上海译文出版社，2007 年。
5. ［美］艾尔弗雷德·斯隆：《我在通用汽车的岁月》，刘昕译，北京：华夏出版社，2005 年。
6. ［德］伯恩哈德·E. 布尔博克：《工业设计：产品造型的历史、理论及实务》，胡佑宗译，台北：亚太图书出版社，1996 年。
7. ［英］彼得·沃森：《20 世纪思想史》，朱进东等译，上海译文出版社，2005 年。
8. ［美］本尼迪克特·安德森：《想象的共同体》，吴叡人译，上海人民出版社，2005 年。
9. ［古希腊］柏拉图：《斐多》，沈阳：辽宁人民出版社，2000 年。
10. ［美］布莱恩·斯坦菲尔德：《共识建导法：从个人创造力到集体行动》，杜文君译，上海：复旦大学出版社，2005 年。
11. ［法］波德莱尔：《1846 年的沙龙：波德莱尔美学论文选》，郭宏安译，桂林：广西师范大学出版社，2002 年。
12. ［美］彼得·德鲁克：《公司的概念》，慕凤丽译，北京：机械工业出版社，2007 年。
13. ［美］彼得·德鲁克：《管理的实践》，齐若兰译，北京：机械工业出版社，2006 年。
14. ［美］彼得·德鲁克：《卓有成效的管理者》，许是祥译，北京：机械工业出版社，2005 年。

15. [美]彼得·德鲁克:《新社会》,石晓军等译,北京:机械工业出版社,2006年。
16. [美]彼得·德鲁克:《成果管理》,朱雁斌译,北京:机械工业出版社,2006年。
17. [美]彼得·德鲁克:《21世纪的管理挑战》,朱雁斌译,北京:机械工业出版社,2006年。
18. [美]彼得·德鲁克:《工业人的未来》,余向华等译,北京:机械工业出版社,2006年。
19. [美]彼得·德鲁克:《创新与企业家精神》,蔡文燕译,北京:机械工业出版社,2007年。
20. [加]查尔斯·泰勒:《自我的根源——现代认同的形成》,韩震等译,南京:译林出版社,2001年。
21. 陈新汉:《权威评价论》,上海人民出版社,2006年。
22. [日]村上隆:《艺术创业论》,江明玉译,台北:商周出版,2007年。
23. [美]查尔斯·蒂利:《身份、边界与社会联系》,谢岳译,上海人民出版社,2008年。
24. [法]茨维坦·托多洛夫:《个体在艺术中的诞生》,鲁京明译,北京:中国人民大学出版社,2007年。
25. [美]大卫·瑞兹曼:《现代设计史》,王栩宁等译,北京:中国人民大学出版社,2007年。
26. [日]东海晴美:《葳欧蕾服装设计史》,台北:美工图书社,1993年。
27. [美]丹尼斯·朗:《权力:它的形式、基础和作用》,高湘登译,台北:桂冠出版社,1994年。
28. [美]戴维·迈尔斯:《社会心理学》,张智勇等译,北京:人民邮电出版社,2006年。
29. [美]唐纳德·A.诺曼:《设计心理学》,梅琼译,北京:中信出版社,2003年。
30. [德]柏林科学技术研究院:《文化 vs 技术创新:德美日创新经济的文化比较与策略建议》,吴金希等译,北京:知识产权出版社,2006年。

31. [德] 恩斯特·卡西尔：《人文科学的逻辑》，沉晖等译，北京：中国人民大学出版社，2004 年。
32. 飞利浦设计集团：《飞利浦设计实践：设计创造价值》，申华平译，北京理工大学出版社，2002 年。
33. [美] 弗雷德里克·泰勒：《科学管理原理》，马风才译，北京：机械工业出版社，2007 年。
34. 高宣扬：《流行文化社会学》，北京：中国人民大学出版社，2006 年。
35. [德] 格奥尔格·齐美尔：《社会学：关于社会化形式的研究》，林荣远译，北京：华夏出版社，2002 年。
36. [德] 格奥尔格·齐美尔：《货币哲学》，陈戎女等译，北京：华夏出版社，2003 年。
37. [德] 黑格尔：《小逻辑》，北京：商务印书馆，2002 年。
38. [美] 赫伯特·A. 西蒙：《管理行为》，詹正茂译，北京：机械工业出版社，2004 年。
39. 日本物学研究会黑川雅之等：《世纪设计提案——设计的未来考古学》，王超鹰译，北京：人民美术出版社，2003 年。
40. 浩汉设计、李雪如：《搞设计：工业设计 & 创意管理的 24 堂课》，台北：蓝鲸出版社，2003 年。
41. [美] 珍妮弗·克雷克：《时装的面貌》，舒允中译，北京：中央编译出版社，2000 年。
42. [法] 吉尔·利波维茨基、埃丽亚特·胡：《永恒的奢侈：从圣物岁月到品牌时代》，谢强译，北京：中国人民大学出版社，2007 年。
43. [法] 吉尔·利波维茨基：《空虚时代——论当代个人主义》，方仁杰等译，北京：中国人民大学出版社，2007 年。
44. [法] 吉尔·德勒兹：《德勒兹论福柯》，杨凯麟译，南京：江苏教育出版社，2006 年。

45. [加] 简·雅各布斯：《美国大城市的死与生》，金衡山译，南京：译林出版社，2006 年。
46. [美] 乔治·里泽：《麦当劳梦魇——社会的麦当劳化》，容冰译，上海译文出版社，1999 年。

47. ［美］詹姆斯·G. 马奇：《科学管理原理》，王元歌等译，北京：机械工业出版社，2007 年。

48. ［美］肯尼斯·弗兰姆·普敦：《现代建筑：一部批判的历史》，张钦楠等译，北京：生活·读书·新知三联书店，2004 年。

49. ［美］克里斯·阿吉里斯：《个性和组织》，郭旭力等译，北京：中国人民大学出版社，2007 年。

50. ［美］克利福德·格尔茨：《文化的解释》，韩莉译，南京：译林出版社，1999 年。

51. ［德］卡尔·曼海姆：《文化社会学论要》，刘继同等译，北京：中国城市出版社，2001 年。

52. 陆江兵：《技术·理性·制度与社会发展》，南京大学出版社，2001 年。

53. 李砚祖：《外国设计艺术经典论著选读》，北京：清华大学出版社，2006 年。

54. 李砚祖：《设计之维》，重庆大学出版社，2007 年。

55. 李惠斌：《全球化与公民社会》，桂林：广西师范大学出版社，2003 年。

56. 凌继尧等：《艺术设计十五讲》，北京大学出版社，2006 年。

57. 卢永毅、罗小未：《工业设计史》，台北：田园城市文化事业有限公司，1997 年。

58. 柳冠中、王明旨：《设计的文化》，展示设计协会，1987 年。

59. 李亮之：《世界工业设计史潮》，北京：中国轻工业出版社，2001 年。

60. 林剑：《Martin Margiela，反时装超级偶像》，《城市画报》，总 191 期。

61. 刘思达：《分化的律师业与职业主义的建构》，《中外法学》，2005 年第 4 期。

62. ［法］罗贝尔·勒格罗等：《个体在艺术中的诞生》，鲁京明译，北京：中国人民大学出版社，2007 年。

63. ［英］雷蒙·威廉斯：《关键词：文化与社会词汇》，刘建基译，北京：生活·读书·新知三联书店，2005 年。

64. ［美］劳伦斯·G. 赫雷比尼亚克：《有效的执行：成功领导战略实施与

变革》，范海滨译，北京：中国人民大学出版社，2006 年。

65. ［英］罗杰・弗莱：《视觉与设计》，易英译，南京：江苏教育出版社，2005 年。

66. ［美］蕾切尔・卡逊：《寂静的春天》，吕瑞兰、李长生译，长春：吉林人民出版社，1997 年。

67. ［美］拉尔夫・林顿：《人格的文化背景——文化社会与个体关系之研究》，于闽梅、陈学晶译，桂林：广西师范大学出版社，2006 年。

68. 莫里约・维塔：《设计的意义》，何工译，《艺术当代》，2005 年第 5 期。

69. ［美］玛丽・福列特：《福列特论管理》，吴晓波等译，北京：机械工业出版社，2007 年。

70. ［美］米哈伊・奇凯岑特米哈伊：《创造性——发现和发明的心理学》，夏镇平译，上海译文出版社，2001 年。

71. ［德］马克斯・韦伯：《新教伦理与资本主义精神》，康乐等译，桂林：广西师范大学出版社 2007 年。

72. ［德］马克斯・韦伯：《学术与政治》，钱永祥等译，桂林：广西师范大学出版社，2004 年。

73. 马克・德莱尼：《设计管理改变三星未来》，叶可可译，《IT 经理世界》，2007 年第 5 期。

74. ［德］马丁・海德格尔：《存在与在》，王作虹译，黎鸣校，北京：民族出版社，2005 年。

75. ［德］马丁・海德格尔：《存在与时间》，陈嘉映等译，北京：生活・读书・新知三联书店，1999 年。

76. ［英］迈克尔・C. 杰克逊：《系统思考》，高飞译，北京：中国人民大学出版社，2005 年。

77. ［美］曼纽尔・卡斯特：《认同的力量》，曹荣湘译，北京：社会科学文献出版社，2006 年。

78. ［美］玛格丽特・布鲁斯：《用设计再造企业》，宋光兴等译，北京：中国市场出版社，2006 年。

79. ［英］尼古拉斯・佩夫斯纳、J. M. 理查兹、丹尼斯・夏普：《反理性主义者与理性主义者》，邓敬等译，北京：中国建筑工业出版社，2003 年。

80. ［英］尼古拉斯·佩夫斯纳：《现代设计的先驱者》，王申祜、王晓京译，北京：中国建筑工业出版社，2004 年。

81. ［英］彭妮·斯帕克：《设计百年——20 世纪现代设计的先驱》，李信等译，北京：中国建筑工业出版社，2005 年。

82. ［英］彭妮·斯帕克：《设计百年——20 世纪汽车设计的先驱》，郭志锋译，北京：中国建筑工业出版社，2005 年。

83. ［德］格奥尔格·齐美尔：《时尚的哲学》，费勇等译，北京：文化艺术出版社，2001 年。

84. 钱穆：《论语新解》，北京：生活、新书、新知三联书店，2005 年。

85. ［英］乔安妮·恩特维斯特尔：《时髦的身体》，郜元宝译，桂林：广西师范大学出版社，2005 年。

86. ［美］乔纳森·恰安等：《创造突破性产品：从产品策略到项目定案的创新》，北京：机械工业出版社，2006 年。

87. ［法］让·马克·思古德：《什么是政治的合法性》，王雪梅译，潘世强校，中国法学网。

88. ［日］荣久庵宪司等：《不断扩展的设计》，杨向东等译，长沙：湖南科学技术出版社，2004 年。

89. ［法］让－雅克·卢梭：《社会契约论》，杨国政译，西安：陕西人民出版社，2003 年。

90. ［美］斯塔夫里阿诺斯：《全球通史》，董书慧、王昶、徐正源译，北京大学出版社，2004 年。

91. ［美］斯蒂芬·贝利、菲利普·加纳：《20 世纪风格与设计》，罗筠筠译，成都：四川人民出版社，2000 年。

92. 盛宁：《人文困惑与反思——西方后现代主义思潮批判》，北京：生活·读书·新知三联书店，1997 年。

93. 宋希仁主编：《社会伦理学》，太原：山西教育出版社，2007 年。

94. 沈祝华、米海妹：《设计过程与方法》，济南：山东美术出版社，1995 年。

95. 沈晖：《当代中国中间阶层认同研究》，北京：中国大百科全书出版社，

2008 年。
96. 滕守尧、聂振斌等 :《知识经济时代的美学与设计》，南京出版社，2006 年。
97. [美] T. 帕森斯 :《社会行动的结构》，张明德等译，南京 : 译林出版社，2003 年。
98. [美] 汤姆 · 彼得斯 :《汤姆 · 彼得斯论创新》，林立译，海口 : 海南出版社，2000 年。
99. [美] 威廉 · 麦唐诺、[德] 迈克 · 布朗嘉 :《从摇篮到摇篮——绿色经济的设计提案》，中国 21 世纪议程管理中心译，台北 : 野人文化股份有限公司，2008 年。
100. [德] 瓦尔特 · 本雅明 :《机械复制时代的艺术作品》，李伟等译，重庆出版社，2006 年。
101. 许平 :《设计“概念”不可缺——谈艺术设计予以系统的意义》:《美术观察》，2004 年第 1 期。
102. 许平 :《视野与边界》，南京 : 江苏美术出版社，2004 年。
103. 奚传绩编:《设计艺术经典论著选读》，南京:东南大学出版社，2005 年。
104. [英] 亚当·斯密:《国富论》，唐日松等译，北京:华夏出版社，2005 年。
105. [英] 亚当 · 斯密 :《道德情操论》，蒋自强等译，北京 : 商务印书馆，1997 年。
106. [德] 尤尔根 · 哈贝马斯 :《现代性的哲学话语》，曹卫东等译，南京 : 译林出版社，2004 年。
107. [美] 詹明信 :《后现代主义与文化理论》，唐小兵译，台北 : 合志文化出版，2001 年。

后记

《设计师的设计》一书初稿完成于2009年，然而成书延至今日才最终得以付梓，其间受杂陈琐事之影响自不必赘述，更多的却是在一次又一次的自我审视之后所产生的不确定感，几乎令我踌躇不前。随着时间的推移和外部条件的更迭，使我对这一命题产生了更多的新认识和新想法，由此一一地把它们填补、充实到我的初稿，以期在知识的框架里达到一个与时代基本平行的效果。时至今日，内心仍觉忐忑不安，不知本书能否成为一块合格的引玉之石？正是因为有了诸位的阅读，这一自我陈述才能够听到更多的批评之言，才能引其走向不断的完善之路。

从无序中寻找秩序的过程颇费周折，对创造与认同这一组关系的辨析，随着时间的推移也一定会出现新的语义。即便如此，希望本书渐次展开的思维框架能够成为一个坐标点，以帮助设计师主动地去支配我们自己的世界。

以设计师的身份闯入理论研究的新领域，对我个人来说不啻为极大的挑战和考验，要特别感谢博士生导师许平教授一直以来对我的期许和包容。先生敏锐而独特的学术视野令我折服，严谨的治学态度和知识分子所特有的忧患意识更是在我的求知之路上树立了学习的标杆。

感谢王敏教授和吕越教授，两位师长对于设计教育的思考使我受益良多，两位教授杰出的创造力同样令我高山仰止。

此外，要特别感谢北京服装学院一直以来对我的支持与呵护，学院不仅在探索设计学和设计管理学方面给予我极大的空间和自由，而且在日常教务及科研活动中也提供了有力的支持，从而令我在这一平台上扩展了自己的学术视野和实践范畴。

本书在写作过程中，中央美术学院的周博和海军给我以无私的支持，无数次的思维激荡逼使我对问题不断地进行检视，并由此能够推进写作不断地往纵深处发展。

在本书最后的整理过程中，张嫣功不可没，围绕出版所牵涉的一切事务因为有她而显得井然有序。

当然，还要特别感谢北大出版社的张丽娉，感谢她在书稿成形过程中的耐心等待，也感谢她为那些繁杂的出版事项所付出的全部努力。

最后，感谢我的爱人，如果没有她的精神支持与写作过程中的行动支援，我无法想象如此浩大的工程能够如期完成。同时，感谢我的家人，他们为我分担了许多工作上和生活上的压力，让我得以静心地写作。

2018 年 5 月 21 日

图书在版编目(CIP)数据

设计师的设计 / 邹游著. – 北京：北京大学出版社，2018.9
（培文·设计）
ISBN 978-7-301-29561-8

Ⅰ. ①设… Ⅱ. ①邹… Ⅲ. ①设计学 Ⅳ. ①TB21

中国版本图书馆CIP数据核字(2018)第101739号

书　　名	设计师的设计 SHEJISHI DE SHEJI
著作责任者	邹游　著
责 任 编 辑	张丽娉
标 准 书 号	ISBN 978-7-301-29561-8
出 版 发 行	北京大学出版社
地　　址	北京市海淀区成府路205号　100871
网　　址	http://www.pup.cn　新浪微博：@ 北京大学出版社　@ 培文图书
电 子 信 箱	pkupw@qq.com
电　　话	邮购部62752015　发行部62750672　编辑部62750883
印 刷 者	三河市腾飞印务有限公司
经 销 者	新华书店
	787 毫米 × 1092 毫米　16开本　15印张　245千字 2018年9月第1版　2018年9月第1次印刷
定　　价	79.00元